재밌어서 밤새 읽는

수학 이야기

재밌어서 밤새 읽는

수학 이야기

베스트 편

사쿠라이 스스무 지음 | 김소영 옮김

더숲

《재밌어서 밤새 읽는 수학 이야기》를 펴낸 이후,《초 재밌어서 밤 새 읽는 수학 이야기》《초초 재밌어서 밤새 읽는 수학 이야기》 《재밌어서 밤새 읽는 수학 이야기: 프리미엄 편》이 잇따라 세상 에 나왔고, 많은 이의 사랑을 받는 베스트셀러로 자리 잡았다.

사실《재밌어서 밤새 읽는 수학 이야기》가 처음 출간되었을 때 는 이렇게 시리즈가 이어지리라고 생각지도 못했다. 이 시리즈의 제목을 '재밌어서 밤새 읽는 수학 이야기'라고 붙일 수 있었던 이유는 수학이 잠들지 못할 정도로 정말 재미있는 존재이기 때 문이다.

내가 강연 활동을 할 때 '수학 엔터테인먼트'라고 말하는 이유 도 바로 그 때문이다. 나는 지금까지 수학만큼 흥미롭고 유용한 것을 본 적이 없다. 고대 그리스의 수학자들이 생각해낸 수학이 라는 '지적 엔터테인먼트'는 동서고금을 막론하고 사람들의 마 음을 오래도록 사로잡아 오늘날에 이르렀다.

1, 2, 3, 4, 5, 6, 7, 8, 9……로 무한히 이어지는 수. 그 안에 숨

은 법칙에는 우리의 마음을 앗아간 매력이 담겨 있다. '발견을 창조하는' 일은 무한한 수처럼 영원히 이어질 것이다. 수학이야말로 네버 엔딩 스토리라 부르기에 제격인 셈이다.

이 넓고도 깊은 세계를 발견하고 이야기를 만들어나가는 사람이 바로 사이언스 내비게이터이다. 언젠가《재밌어서 밤새 읽는 수학 이야기》는《재밌어서 밤새 읽는 수학 이야기-수가 아닌 사랑을 담아》《재밌어서 밤새 읽는 수학 이야기-자연수 마음의 여로》《재밌어서 밤새 읽는 수학 이야기-날아가는 복소수》《재밌어서 밤새 읽는 수학 이야기-여행과 여성과 함수》가 나올지도 모른다.

시리즈 4권을 베스트 버전으로 새롭게 구성하는 것은 매우 즐거운 일이었다. 이 시리즈는 한 권 한 권이 베스트 수학 책이나 마찬가지다. 그중에서 고르고 고른 이야기를 모은 책은 과연 독자에게 어떻게 다가갈지 나 역시 기대가 크다.

수학은 어마어마한 스펙터클 장편 이야기이기 때문에 그만큼 난해한 이야기를 풀어놓을지도 모른다. 하지만 난해한 수학도 상상하는 것보다 훨씬 더 가까이 우리 곁에 함께하고 있다. 즉, 수학으로 들어가는 문은 바로 우리 옆에 열려 있다. 아니, 진짜 수학은 우리 안에 있다.

세상은 수학으로 이루어져 있다. 학문, 예술, 창조의 세계는 너무도 크고, 우리는 그 모습을 전부 볼 수는 없다. 부디 이 책이 독자 여러분에게 수학 세계로 떠나는 길의 친근한 친구이자 지침서가 될 수 있다면 더 바랄 것이 없다.

계산은 여행

이퀄이라는 레일 위로 수식이라는 열차가 달린다.

차
례

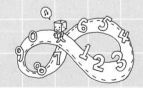

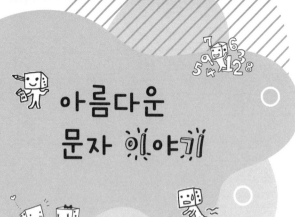

# 아름다운 문자 이야기

**수업 시간에 배우지 않는 것**

수학은 언어다.

학생들의 공책을 보면 수식에 사용하는 그리스 문자 $\beta$(베타)를 바르게 쓰지 못하는 사람이 무척 많다는 사실을 알게 된다. $\beta$를 한자의 부수 阝(좌부변 또는 우부방)처럼 쓰는 경우가 종종 있다.

그렇다면 학교에서는 어떻게 가르칠까? 그리스 문자가 등장하는 고등 수학에서 그리스 문자를 어떻게 쓰는지 가르쳐준다는 이야기는 들은 적이 없다. 나 역시 지금까지 수학에서 쓰는 문자에 대해 학교에서 배워본 적이 없다.

## 읽을 수 있을 것 같은데 읽지 못하는 그리스 문자

대입 시험 때 수학에 등장하는 그리스 문자로는 $\alpha\,\beta\,\gamma\,\theta\,\pi\,\omega\,\Sigma$ 등이 있다.

그리스 문자는 대문자와 소문자를 합쳐서 총 48개가 있는데, 그중 7분의 1 정도가 고등 수학에 등장한다. 그때까지 배운 적 없는 그리스 문자가 갑자기 아무 설명도 없이 수학 교과서에 나오는 바람에 학생들은 칠판에 적힌 글씨를 긴가민가하면서도 열심히 보고 따라 그리면서 필기할 수밖에 없다. 학생들만 탓할 수는 없는 일이다. 그래서 기회가 생길 때마다 그리스 문자를 비롯하여 수학 특유의 문자에 대한 강의를 하게 되었다.

문자 쓰기는 학문의 첫걸음이다. 문자 쓰는 과정을 거쳐 비로소 새로운 세계로 들어가는 것이다. 수학은 특히 많은 문자를 쓰는 학문이다. 로마자, 그리스 문자, 아라비아 숫자, 로마 숫자. 이 문자들은 대문자나 소문자가 되기도 하고 비스듬히 기울여 쓰거나 굵은 글씨로 쓰기도 한다.

그것으로도 부족해서 히브리 문자까지 등장한다. 거기에 각종 수학 기호까지. 대체 수학을 공부하면서 얼마나 많은 문자와 기호를 알아야 할까?

여러분은 전부 다 읽었나요?

### 사과나 귤이 x가 된다?

수학은 개념이나 대상을 추상화한다. 사과나 귤의 개수를 x로 나타내서 $x+y=z$와 같은 방정식을 만드는 것이다. 방정식을 풀 때 우리는 사과나 귤을 잊어버리고 그것 대신에 문자나 기호를 쓴다. 즉, 이것이 계산이다.

계산의 세계에서는 문자와 기호가 주인공이다. 계산을 하는 사람은 문자와 기호를 통해 보이지 않는 세계와 소통해야 한다. 보이지 않는 세계란 문자와 기호가 나타내는 개념이고, 그 개념 사이의 관계성을 말한다.

피타고라스의 정리 $a^2+b^2=c^2$은 기하학의 세계(직각삼각형)에서 변의 길이의 관계를 나타낸다. 대수의 세계와 기하의 세계를 연결하는 공식인 셈이다.

나는 대학교 때 수론에서 제타($\zeta$) 함수를 만났다. 수업 중에 열심히 계산을 했는데, 아무리 해도 잘 풀리지가 않았다. $\zeta$를 제대로 쓸 수가 없었던 것이다. 그래서 수업이 끝나고 아무도 없는 교실에서 칠판에 크게 $\zeta$를 써봤다.

여러 번 쓰는 동안 점점 익숙해져서 $\zeta$가 부드럽게 써졌다. $\zeta$를 잘 쓰게 되니 귀찮았던 계산도 자연스레 즐거워졌다.

## 아름다운 수학에는 아름다운 문자가 어울린다

이렇듯 문자를 잘 써야 하는 중요성과 '쓰는 즐거움'을 알게 되면서 한 가지 더 깨달은 점이 있다. 아름다운 수학에는 아름다운 문자가 잘 어울린다는 사실이다. 그리스 문자에는 말로 표현할 수 없는 곡선의 아름다움이 있다.

로마자나 그리스 문자는 획수가 적어서 쓰기가 쉽다. 그리스 문자의 소문자는 대부분 한 획으로 그릴 수 있다. 이처럼 수학자들은 곡선미와 기능미라는 두 가지 아름다움을 겸비한 문자를 즐겨 써왔다.

또한 수학에는 다른 학문에 없는 큰 특징이 있다. 그것은 시대를

화살표를 참고해 문자를 따라 써보자.

뛰어넘는 보편성이다. 피타고라스 정리는 지금으로부터 2500년 전에 증명되었지만 2500년이 지난 지금도 빛이 바래지 않는다.

오히려 피타고라스 정리를 기본으로 하는 정리가 더 많이 생겨났다. 그리스 문자는 피타고라스도 쓴 문자다. 우리는 그리스 문자를 통해 피타고라스를 만난 것이다. 이것도 '쓰는 즐거움'의 발견이다.

### 그리스 문자도 쓰는 순서가 중요하다

우리는 어릴 때 우리 고유의 문자를 배우면서 쓰는 즐거움과 문자의 아름다움을 배운다. 그리고 문자를 쓰는 순서, 필순이 왜 중요한지 이해해나간다.

그리스 문자 역시 쓰는 순서를 지키면 모양이 아름다워진다. 예컨대 $\beta$는 아래에서 위로 한 번에 쓰면 모양이 매우 우아하고 아름답다. 나는 학생들에게 그리스 문자 쓰는 법을 가르치면서 이렇게 말한다.

"마음을 담아서 글씨를 쓰세요. 마음을 담아서 계산하세요. 모쪼록 아름다운 문자로요."

언어를 자신의 것으로 만드는 첫 걸음은 문자를 소중히 여기는 마음에서 출발한다. 수학을 언어라고 한다면 그것에 쓰이는 문자를 소중히 여겨야 할 것이다.

## ● 그리스 문자

| 대문자 | 소문자 | 한글 표기 | 영어 |
| --- | --- | --- | --- |
| A | $\alpha$ | 알파 | alpha |
| B | $\beta$ | 베타 | beta |
| Γ | $\gamma$ | 감마 | gamma |
| Δ | $\delta$ | 델타 | delta |
| E | $\varepsilon$ | 엡실론 | epsilon |
| Z | $\zeta$ | 제타 | zeta |
| H | $\eta$ | 에타 | eta |
| Θ | $\theta$ | 세타 | theta |
| I | $\iota$ | 요타 | iota |
| K | $\varkappa$ | 카파 | kappa |
| Λ | $\lambda$ | 람다 | lambda |
| M | $\mu$ | 뮤 | mu |
| N | $\nu$ | 뉴 | nu |
| Ξ | $\xi$ | 크시 | xi |
| O | $o$ | 오미크론 | omicron |
| Π | $\pi$ | 파이 | pi |
| P | $\varrho$ | 로 | rho |
| Σ | $\sigma$ | 시그마 | sigma |
| T | $\tau$ | 타우 | tau |
| Y | $\upsilon$ | 입실론 | upsilon |
| Φ | $\phi$ | 파이 | phi |
| X | $\chi$ | 카이 | chi |
| Ψ | $\psi$ | 프사이 | psi |
| Ω | $\omega$ | 오메가 | omega |

대문자와 소문자 모양이
많이 다른 문자도 있어!

# 읽을 수 있을 것 같은데 읽지 못하는 수식

## 수식을 어떻게 읽을까

수식을 막힘없이 읽을 수 있는 사람이 몇이나 될까? 나는 어떻게 읽는지 모르는 수식을 만나서 당황한 적이 여러 번 있다. 낯선 수식 때문에 많은 사람이 지레 겁을 먹고 수학에서 멀어진다. 그렇다면 구체적인 사례와 함께 문제점을 살펴보자.

## 문제투성이 수식 읽기 ①

▶▷ 수식                      $x+y=z$

▶▷ 우리말로 읽는 일반적인 방법   **엑스 더하기 와이는 제트다.**

▶▷ 영어로 읽는 방법       x plus y equals z.

우리말로 알기 쉽게 읽으면 '엑스 더하기 와이는 제트'가 되고, 영어로는 '엑스 플러스 와이 이퀄스 제트'이다. 하지만 수학 교과서에 수식 읽는 방법이 따로 실려 있지 않기 때문에 교사가 판단해 가르친다.

다음은 더 간단한 사례다.

### 문제투성이 수식 읽기 ②

▶▷ 수식       $a = b$

▶▷ 우리말로 읽는 일반적인 방법    에이는 비다.

▶▷ 영어로 읽는 방법       a equals b.
                                     a is equal to b.

영어로 읽는 두 번째 방법에 주목하자. 주어인 $a$가 $b$와 동등하다는 관계성이 to를 통해 드러난다. 좌변($a$)과 우변($b$)의 차이가 확실하다. 우리가 일반적으로 읽는 '에이는 비다.'라고만 읽어서는 관계성이 불분명하다.

### 문제투성이 수식 읽기 ③

▶▷ 수식       $y' = \dfrac{dy}{dx}$

▶▷ 우리말로 읽는 일반적인 방법　　와이 프라임은 디와이 디엑스다.

▶▷ 영어로 읽는 방법　　　　　　y prime equals dy dx.

　예전에는 ′를 다시 또는 대시라고 읽었지만 최근에는 prime(프라임)이라고 읽는다. 다시 또는 대시는 일반적으로 부호 −를 가리킨다. ″는 투 다시 또는 투 대시가 아니라 double prime(더블 프라임)이라고 한다.

　참고로, 미분 수식을 분수를 읽을 때처럼 '~분의 ~'로 읽으면 더욱 알기 어렵다.

### 문제투성이 수식 읽기 ④

▶▷ 수식　　　　　　　　　　　 $nCr$

▶▷ 우리말로 읽는 일반적인 방법　엔 시 아르

▶▷ 영어로 읽는 방법　　　　　　the combinations of n taken r,
　　　　　　　　　　　　　　　 the combinations n r

　이는 조합을 나타내는 식인데, 일반적인 방법으로 읽으면 의미가 불분명하다. $C$가 무엇을 나타내는지 알 수 없기 때문이다. 영어로 읽으면 $C$가 combination(조합)의 약자라는 것을 확실히 알 수 있다. 이렇듯이 수학 기호와 수식을 읽는 규칙이 명확히 정해져 있지 않다는 사실을 미루어 짐작할 수 있다. 영어와 우리말을 섞어 부정확하게 읽고 있는 것이다.

### 문제투성이 수식 읽기 ⑤

▶▷ 수식 $A_k$

▶▷ 우리말로 읽는 일반적인 방법 에이 케이

▶▷ 영어로 읽는 방법 Capital A sub k

우리말로 '에이 케이'라고 읽으면 매우 부정확하다. 특히 작은 $k$는 그대로 읽기만 했다. 듣기만 해서는 $ak$, $AK$, $A_{(k)}$, $a_k$, $A_k$처럼 소리에 대응하는 여러 수식이 떠오른다. 이것이 혼란을 주는 원인이다. 영어로 읽을 때는 쓰는 방법과 정확히 일치한다.

### 문제투성이 수식 읽기 ⑥

▶▷ 수식 $a > b$

▶▷ 우리말로 읽는 일반적인 방법 에이는 비보다 크다.

▶▷ 영어로 읽는 방법 a is greater than b.

이 수식은 학생들이 가장 못 읽는 수학 문자다. 심지어 '크다'라는 우리말도 정확하지 않다. 다음 예는 수식 읽는 법을 배우지 않으면 읽기 어려운 수식이 들어 있다.

▶▷ 수식                $a \leq b$

▶▷ 우리말로 읽는 일반적인 방법   에이는 비보다 작거나 같다.

▶▷ 영어로 읽는 방법        a is less than or equal to b.

여기서는 기호 $\leq$의 $<$가 '~보다 작다'라는 뜻을 갖고, $\leq$의 $=$ 가 '같다'라는 뜻을 갖고 있음을 알아야 한다. 즉 'a는 b와 같거나 또는 b보다 작다.'라는 관계성을 나타낸 기호이다. $\leq$가 '$<$ 또는 $=$'라는 사실을 가르쳤을 때 비로소 이해하는 학생이 많았던 이유는 읽는 방법에 문제가 있기 때문일 것이다.

▶▷ 수식                $a \in A$

▶▷ 우리말로 읽는 일반적인 방법   에이는 에이의 요소다.
에이는 집합 에이에 속한다.

▶▷ 영어로 읽는 방법        The element a is a member of the set A.
a is an element of the set A.
a is a member of A.
a is in A.

나는 지금까지 이 수식을 막힘없이 읽은 학생을 한 번도 보지 못했다. 수식을 읽어 보라고 하면 대부분 멈칫한다. 위의 영어 문장 4개를 보면 알 수 있겠지만, 영어로 읽으면 수식 $a \in A$가 무엇을 뜻하는지 쉽게 이해가 된다. 'a is in A.'처럼 표현도 매우 간단하다.

이처럼 중학교 수준의 영어 단어와 문법을 알면 수식을 영어로 쉽게 읽을 수 있다.

### 문제투성이 수식 읽기 ⑨

▶▷ 수식                                    $f(x)$

▶▷ 우리말로 읽는 일반적인 방법    **에프 엑스**

▶▷ 영어로 읽는 방법                    **f of x**

우리말로는 '$x$의 함수 $f$'라고 하는데, 영어로는 a function f of x라고 읽는다.

여기서 또 하나 중요한 것이 있다. 바로 '어원'이다. 예컨대 허수 $i$는 imaginary number의 i이고, 'tan $x$'는 '탄젠트'라고 읽고 tangent라고 쓴다. 탄젠트의 뜻이 '접선'이라는 사실까지는 모르는 학생이 많을 것이다. 수학 기호는 대부분 영어 단어의 머리글자를 사용한다. 따라서 단어의 철자와 읽는 법을 함께 외우면 수식의 뜻을 자연스럽게 이해할 수 있다.

## 수식을 소리 내어 읽어보자

자, 어떠한가? 잘못된 예를 들면 끝이 없다. 지금이야말로 뜻이 정확하지 않은 수식 읽는 방법을 바꿀 때이다. 그렇다면 우리말을 기본으로 수학을 가르칠까? 영어를 기본으로 수학을 가르칠까? 그것이 문제다.

모호하게 수식을 읽어내기보다는 중학교 수학 수업부터 영어로 읽는 방법을 활용해야 하지 않을까? 부디 오해하지 않기를 바란다. 영어를 배우기 위해 수학을 사용하자는 뜻이 아니다. 수학을 더 깊이 있고 명확하게 이해하기 위해 영어식 방법으로 읽자는 것이 내 의견이다.

어떤 사람들은 교과서의 수식을 그림으로 이해한다. 그래서 '그림이니까 못 읽어도 된다'는 생각으로 이어지는 듯하다. 하지만 수식은 그림이 아니다. 읽고 쓰는 문장처럼 다루어야 한다. 읽을 수 있어야 이해할 수 있기 때문이다. 어려운 책을 소리 내어 읽듯이 수학 책도 큰소리로 읽게 해야 한다. 처음에는 내용을 몰라도 괜찮다. 막힘없이 술술 읽을 수 있을 때까지 계속 연습하다 보면, 어느덧 '수학은 언어'라는 사실을 이해하게 되고 어렵지 않게 느껴진다. 모든 수식을 매끄럽게 읽게 되면 그 성취감이 수학을 좋아하게 되는 발판이 되어줄 것이다.

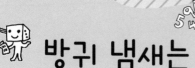

# 방귀 냄새는 절반도 지독하다?

### 지독한 냄새를 줄여도 지독하다

우리는 시각, 청각, 미각, 후각, 촉각과 같은 감각에 의존해 생활하고 있다. 사실 이 다섯 가지 감각에는 법칙이 있다. 먼저 '냄새'를 생각해보자.

탈취제와 공기 청정기로 지독한 냄새나 방귀 냄새를 절반까지 줄였다고 하자. 그러나 우리는 '아, 냄새가 절반으로 줄었네' 하고 느끼지 못한다. 오히려 '달라진 게 없는데?' '아직도 냄새가 나는데' 하고 느낀다. 절반으로 줄었다고 느끼려면 실제 냄새의 90%를 제거해야 한다.

### 베버 · 페히너의 법칙

$R$을 감각의 세기, $S$를 자극의 세기라고 하면,

$$R = k \log \frac{S}{S_0}$$

$S_0$은 감각의 세기가 0이 되는 자극의 세기(역치, 생물체가 자극에 반응하는 데 필요한 최소한의 강도를 나타내는 값)

$k$는 자극 고유의 정수(감각마다 다른 값)

* 구스타프 테오도어 페히너(Gustav Theodor Fechner)는 19세기 독일의 물리학자이자 심리학자이다.

---

소리도 마찬가지다. 우리는 곤충이 우는 소리와 콘서트의 큰 음악 소리를 비슷하게 들을(느낄) 수 있다. 이것은 곰곰이 생각해 보면 재미있는 일이다.

만약 사람이 음량의 절댓값을 느낄 수 있다면, 곤충의 작은 울음소리는 작은 소리이므로 작게 느껴지고 콘서트의 큰 음악 소리는 크게 느껴질 것이다. 그러나 사실은 그렇지 않다. 우리는 작은 소리도 큰 소리도 똑같이 느낀다. 큰 소리든 작은 소리든 느끼는 방법(감각)은 똑같다.

에너지가 10인 소리가 있을 때, 그 소리를 몇 배 크게 해야 사

람은 2배로 느낄까?

일반적으로 '2배니까 에너지는 20 아닐까?' 하고 생각할 것이다. 그러나 사람의 귀는 그렇게 예민하지 않다. 2배가 되었다고 느끼려면 실제로는 소리를 10배 더 크게 해야 한다. 10이라는 소리를 100으로 만들었을 때에야 비로소 2배 더 크다고 느낀다. 4배 더 크게 느끼려면 '10×10'으로 100배 더 큰 에너지가 필요하다.

## 사람의 감각을 숫자로 표현할 수 있다

바꿔 말하면 사람의 감각은 덧셈이 아니라 곱셈으로 느낀다는 사실이다. 이것이 1860년에 나온 '베버·페히너의 법칙'이다.

'감각의 세기 R은 자극의 세기 S의 대수(로그)에 비례한다.' 이 법칙은 정신 물리학이라 불리는 학문의 발단이 되었다. 정신 물리학은 독일의 심리학자 에른스트 베버(Ernst Weber)가 '심리학의 세계를 정량화할 수 있을까?' 하고 생각한 데서 시작되었다. 사람의 감각은 무척 주관적이다.

그러나 모든 것을 '주관이다'라고 말해서는 학문이 되지 않는다. 그것은 학문이 아니라 예술의 세계가 된다. 1840년대에 심리학자 베버는 눈에 보이지 않는 사람의 마음과 감각을 수로 나타내기 위해 다양한 연구를 시도했다.

그리고 1860년에 물리학자 페히너가 수식으로 나타내는 데 성공했다. 이는 심리학에서 비롯되었지만 정신 물리학의 법칙이라 불리는 까닭이기도 하다.

우리 인간의 감각은 결코 대충 만들어지지 않았다. 그 말은 곧, 수로 나타낼 수 있다는 뜻이다. 우리 몸은 변화가 심한 환경, 즉 자극을 베버·페히너의 법칙으로 훌륭하고 정확하게 감지해낸다.

# 신용카드
# 번호의 비밀

### 신용카드 번호에는 법칙이 있다

신용카드 번호는 보통 16자리다. 온라인 쇼핑을 할 때 무척 편리하지만, 한편으로는 불안하기도 하다.

실수로 16자리 번호를 잘못 입력했을 때는 어떻게 될까? 깜빡하고 다른 번호를 입력했을 때 다른 사람의 카드로 결제가 되지 않을까?

물론 16자리를 전부 조작하면 다른 카드 번호가 될 가능성은 있지만, 여기서는 카드 번호를 한 개만 잘못 입력한 예를 들어보려고 한다.

사실 신용카드 번호는 어떠한 법칙으로 정해진다. 우리에게 주어진 카드 번호는 완전히 무작위로 정해진 것이 아니다. 어떤 절차 아래 생성된 '정당한 번호'다.

그래서 어떤 번호가 정당한 번호인지를 판정할 수 있는 방법이 있다. 그것을 룬(Luhn) 공식이라고 부른다.

## 카드 번호를 잘못 입력하면?

구체적으로 이 절차에 따라 계산해보자. 번호를 16자리로 하면 복잡하므로 간단히 4자리로 해보겠다. 예컨대, 카드 번호 3491이 입력된 경우, 일의 자리부터 셌을 때 짝수 순서에 오는 9와 3을 각각 2배 하면 18과 6이 된다.

18은 10 이상이므로 1+8=9로 바꾼다. 그러면 모든 자리의 합계는 6+4+9+1=20이 되고, 20은 10으로 나누어떨어지기 때문에 정당한 번호로 판정된다.

여기서 만약 네 자리 중 숫자 하나를 잘못 입력했다고 생각해보자. 예컨대 3491을 3481로 잘못 눌렀다면 어떻게 될까? 6+4+7+1=18이 되어서 10으로 나누어떨어지지 않는다.

## 🔴 카드 번호에 감춰진 룬 공식

**1단계**

일의 자리부터 셌을 때 홀수 순서에 오는 숫자는 그대로 두고 짝수 순서에 오는 숫자를 2배 한다.

**3491일 때**

3과 9를 떼어낸다.
3 → 6
9 → 18

**2단계**

2배 한 짝수 순서에 오는 숫자가 10 이상일 때는 각 자리를 더한 수(한 자릿수)로 바꾼다.

18은 10 이상이므로
18 → 1 + 8 = 9

**3단계**

이렇게 해서 나온 모든 자릿수의 숫자를 더한다.

모든 숫자를 더한다.
6 + 4 + 9 + 1 = 20

**4단계**

합계가 10으로 나누어떨어지면 '정당한 번호'이고 그렇지 않으면 '부당한 번호'로 판정된다.

20은 10으로
나누어떨어지므로
**정당한 번호!**

$0 \times 2 \rightarrow 0$

$5 \times 2 \rightarrow 10 \rightarrow 1+0 \rightarrow 1$

$1 \times 2 \rightarrow 2$

$6 \times 2 \rightarrow 12 \rightarrow 1+2 \rightarrow 3$

$2 \times 2 \rightarrow 4$

$7 \times 2 \rightarrow 14 \rightarrow 1+4 \rightarrow 5$

$3 \times 2 \rightarrow 6$

$8 \times 2 \rightarrow 16 \rightarrow 1+6 \rightarrow 7$

$4 \times 2 \rightarrow 8$

$9 \times 2 \rightarrow 18 \rightarrow 1+8 \rightarrow 9$

이로써 '부당한 번호'로 판정된다. 어떤 자리를 실수로 입력했다 하더라도 이러한 절차를 거치면 부당한 번호로 판정된다.

잘못된 번호를 찾아낼 수 있는 이유는 1단계와 2단계에서 이루어지는 한 자릿수로의 변환이 앞의 그림과 같기 때문이다. 0부터 9까지 10개의 숫자는 각각 다른 10개의 숫자로 바뀐다. 번호를 잘못 입력하면 3단계에서 합계한 값이 어긋나기 때문에 4단계에서 결국 부당한 번호로 판정된다.

이처럼 카드 번호는 절묘한 구조로 지정되고, 정당하지 않은 번호는 확인할 수도 있기 때문에 우리는 안심하고 계속 쇼핑을 할 수 있는 것이다.

# 맨홀은
# 왜 원일까?

**맨홀에는 $\pi$가 숨어 있다**

맨홀은 왜 원일까? 평범해 보이는 풍경에도 다 이유가 있다. 만약 맨홀이 사각형이면 어떻게 될까?

맨홀이 사각형이면 대각선의 길이가 한 변보다 길어져서 뚜껑을 조금만 돌려도 무거운 철 덩어리는 구멍 속으로 떨어질 것이다. 위험한 일이 생길 수도 있다. 그러나 맨홀 모양이 원이면 아무리 돌려도 결코 떨어질 일이 없다. 원의 지름보다 긴 부분이 없기 때문이다.

이 밖에도 공사할 때 굴려서 옮기기도 편하고, 보기에도 좋다는

확실히 대각선이
한 변보다 길군.

이유도 있을 것이다. 이렇게 원은 기능적으로나 디자인적으로 적합한 형태이기 때문에 우리 생활의 많은 부분을 차지하고 있다.

원 안에 숨어 있는 수, 그것이 바로 '원주율 π'다. 원주율이란 원둘레를 지름으로 나눈 값이다. 지름에 상관없이 모든 원은 이 비율의 값이 일정하다. 모양을 측정하는 작업을 통해 숫자를 발견한 인간의 노력은 지금으로부터 4천 년 전에 시작되었다.

우리도 손을 함께 움직여보자. 종이컵, 자, 연필, 종이를 준비한 후, 이들을 이용하여 원주율 π를 구해보자. 예컨대, 종이컵에서 입을 대는 부분의 원둘레를 재보면 약 21센티미터, 지름은 약

7센티미터다. 21÷7=3이므로 원주율은 약 3이라는 사실을 알 수 있다.

더 큰 컵으로 길이를 재보면 3.1 가까이 값을 얻을 수 있다. 그러나 아무리 종이컵을 측정해도 교과서에서 배운 원주율 π의 값 약 3.14를 구할 수 없다.

### 중요한 것에는 '원'이 숨어 있다

어떻게 해야 더 정확한 원주율 값을 구할 수 있을까? 예부터 전 세계에서는 계측이 아닌 '계산'으로 원주율을 구하는 방법을 시도했다. 일본에서는 18세기에 세키 다카카즈(10자리), 가마타 도시키요(25자리), 다케베 가타히로(41자리), 마쓰나가 요시스케(50자리) 등 근대의 수학자들이 앞다투어 도전했다.

중요한 것에는 '원'이 숨어 있다.

지구와 천체의 운동, 동전, 원만한 또는 원활한 관계 등 모든 중요한 것에 원이 숨어 있는 듯하다. 그래서 많은 수학자들은 원을 끊임없이 탐구해왔다.

π=3.141592653589793238462643383279······

무한히 이어지는 그 수의 정체는 아직 시원하게 밝혀지지 않았다. 앞으로도 인류는 원과 함께 살아가며 원의 수수께끼를 풀기 위해 도전을 이어갈 것이다.

# 신비로운 숫자 12

### 천재 수학자와 신비로운 숫자

12가 신비로운 숫자임을 알아낸 수학자가 있다. '인도의 마술사'라 불린 라마누잔(Srinivasa Ramanujan, 1887~1920)이다. 32년이라는 짧은 생애 동안 수학 공식 3,254개를 발견했다.

남다른 계산력을 지녔고 수학 역사에 이름을 새긴 인도의 천재 수학자는 숫자 12의 힘과 만났다.

라마누잔을 눈여겨본 영국 케임브리지 대학의 수학자 하디(Godfrey Harold Hardy, 1877~1947)는 어느 날 병상에 누워 있는 라마누잔에게 말했다.

$$1729 = 10^3 + 9^3 = 12^3 + 1^3$$

"1729는 재미없는 숫자일세."

그러자 라마누잔은 벌떡 일어나 "하디 선생님, 1729는 무척 재미있는 숫자입니다." 하고 반론했다. 왜냐고 묻는 하디에게 라마누잔은 재빨리 대답했다.

"1729는 3제곱한 수를 2개 더했을 때 나오는 수이자 그 방법이 두 가지인 수 가운데 가장 작은 수입니다."

$10 \times 10 \times 10 = 1000$, $9 \times 9 \times 9 = 729$, $12 \times 12 \times 12 = 1728$, $1 \times 1 \times 1 = 1$이므로 위의 등식이 성립한다. '1729가 가장 작은 수'라고 빨리 판단할 수 있었던 라마누잔에게는 대단하다는 말 외에는 더 이상 설명이 필요 없다.

나중에 하디는 전기에서 '라마누잔은 모든 자연수와 친구였다.'라고 말했다. 정말 절묘한 표현이다.

라마누잔은 어떻게 1729와 친구가 되었을까?

$$(6a^2-4ab+4b^2)^3+(3b^2+5ab-5a^2)^3$$
$$=(6b^2-4ab+4a^2)^3+(3a^2+5ab-5b^2)^3$$

$a=\dfrac{3}{\sqrt{7}}$, $b=\dfrac{4}{\sqrt{7}}$ 이면

$10^3+9^3=12^3+1^3$ 이 된다!

이런 공식을 생각해내다니, 정말 대단하다!

라마누잔이 발견한 이 공식은 $a$와 $b$에 어떤 수를 넣어도 성립하는 항등식이라 불리는 공식이다. 이 공식에 따르면 $10^3+9^3=12^3+1^3$이 된다.

라마누잔은 이 공식에서 1729가 흥미로운 숫자라는 사실을 알았을까? 그 수수께끼의 열쇠는 라마누잔의 업적 중에서도 단연 돋보이는 '라마누잔의 제타 함수'에서 찾을 수 있다.

이제부터 어려운 수식이 이어지는데, 대충 읽어도 상관은 없다. 이 수식이 주는 분위기를 느껴보기 바란다.

라마누잔은 제타 함수에 대한 예상을 담담히 써 내려갔다. 이것은 나중에 '라마누잔 예상'이라 불리는데, 내용이 너무나 어려

워서 60년 후인 1974년에 벨기에 수학자 피에르 들리뉴(Pierre Deligne)가 극적으로 증명했다.

여기서 다음 식에 주목하자.

라마누잔의 제타 함수에 등장하는 Δ(델타)의 식은 다음과 같다. 바로 여기에서 12가 등장한다.

나아가 이 $Δ(z)$는 그다음 관계식을 만족한다.

분모 1728은 앞서 봤던 $12 \times 12 \times 12$인 셈이다.

20세기의 수학을 뒤흔든 라마누잔의 발견은 12가 뒷받침하고 있다.

라마누잔이 1913년 1월 16일에 하디 교수에게 보낸 첫 편지에도 12가 있다. 그는 제타 함수와 관련된 계산 결과($ζ(-1)$)를 하디에게 자랑스럽게 알렸다. 18세기에 오일러(Leonhard Euler)가 경험한 여로를 20세기 초에 라마누잔이 걸어갔다.

제타 함수는 덧셈의 연장선상에 있다. $1+2+3+4+5+6+7+8+9+10=55$와 같은 덧셈을 무한대로 계속한다. 나아가 더하는 숫자의 범위를 실수에서 복소수로 넓혔다는 점이 중요하다. 라마누잔은 무한히 계속되는 덧셈 끝에서 12를 발견했다.

하디는 병상에 있는 라마누잔에게 이어서 이렇게 물었다.

"라마누잔, 그렇다면 4제곱수 중에서 그렇게 되는 수는 무엇이 있는가?"

## ● 라마누잔의 제타 함수

$$\zeta(s) = \sum_{n=1}^{\infty} \frac{t(n)}{n^s}$$

여기서 $t(n)$은 아래 식을 만족하는 수열이다.

$$\Delta(z) = q\prod_{n=1}^{\infty}(1 - q^n)^{24} = \sum_{n=1}^{\infty} t(n)q^n \quad (q = e^{2\pi iz})$$

라마누잔은 이 $t(n)$을 수없이 계산했다.

$t(1) = 1, \quad t(2) = -24, \, t(3) = 252, \quad t(4) = -1472, \quad \cdots\cdots,$
$t(10) = -115920, \quad \cdots\cdots$

## ● 라마누잔의 △ (델타)

$$\Delta\left(\frac{az + b}{cz + d}\right) = (cz + d)^{12}\Delta(z)$$

$$\Delta(z) = \frac{E_4(z)^3 - E_6(z)^2}{1728}$$

$$1+2+3+4+5+6+7+8+9+10+\cdots\cdots = -\frac{1}{12}$$

잠시 생각하던 라마누잔은 대답했다.

"하디 선생님, 그것은 매우 큰 숫자가 됩니다."

라마누잔의 예측은 맞아떨어졌다. 훗날 컴퓨터 계산으로 정답은 635318657이라는 사실이 밝혀졌다.

### 우리를 둘러싼 신비로운 숫자 12

음악은 12음 평균율.

불교의 십이인연은 인간이 과거, 현재, 미래를 윤회하는 모습을 설명한 12가지의 인과 관계.

1타(다스)는 12개.

시계는 12시간.

1년은 12개월.

별자리와 띠는 12가지.

모두 12다.

$$635,318,657 = 59^4 + 158^4 = 133^4 + 134^4$$

하나를 완성하는 곳에는 늘 12가 있다. 이것 말고도 12는 분명히 더 있을 것이다.

이렇듯 우리는 12라는 숫자의 신비에 둘러싸여 있다.

# 복권과 카지노,
# 무엇이 더 수익이
# 높을까?

### 카지노는 위험한 도박이다?

카지노에 대한 인식이 그리 좋지는 않다. 화려한 라스베이거스를 떠올리게 하는 카지노는 도박에 비해 큰돈이 오가는 것이 사실이다. 그러나 실제로 카지노에 가서 직접 체험해보면 크게 걱정했던 것보다는 위험이 덜하다. 오히려 즐길 수 있는 놀이 공간이라는 생각이 드니 신기한 일이다. 물론 카지노의 위험성은 늘 존재한다.

도박과 카지노는 수학적으로 결정적인 차이가 있다. 수치로 차이를 살펴보자.

도박에서는 '기댓값', '환급률'이라는 말을 이해하는 것이 중요하다. 이 용어는 '도박에서 이겼을 때 얼마나 돈을 돌려받을 수 있는가'를 나타내는 지표다. 경마에서 말하는 '배당률'도 여기에 해당한다.

카지노에서 말하는 배당률과 경마에서 말하는 배당률은 의미가 다르다. 경마 배당률은 '건 돈과 받은 돈의 배율'을 가리킨다. 가령 경마에서 1번 말의 단승(1등 하는 말에 돈을 거는 경마 방법) 배당률이 1.2배라고 했을 때, 1번 말이 우승하면 1,000원을 건 마권을 1,200원으로 돌려받을 수 있다.

그러나 카지노 배당률은 확률을 바탕으로 계산되는 수치다. 이길 확률을 $p$라고 했을 때, 질 확률은 $1-p$다. 그렇다면 배당률은 '이길 확률/질 확률=$p/1-p$'가 된다. 이 글에서는 이 배당률에 대해 이야기해보자.

만약 1을 걸어서 받는 배당률이 0.1이라면 이겼을 때 버는 돈은 $1/0.1=10$, 즉 1을 걸었을 때 받을 수 있는 돈은 $1+10=11$이 된다. 이것을 다시 말하면 배율 11배가 된다. 이어서 좀 더 살펴보자.

배당률이 0.25라면 수익은 $1/0.25=4$, 따라서 배율 5배

배당률이 1이라면 수익은 $1/1=1$, 따라서 배율 2배

배당률이 2라면 수익은 1/2=0.5, 따라서 배율 1.5배

배당률이 4라면 수익은 1/4=0.25, 따라서 배율 1.25배

이와 같이 배당률이 1보다 작을수록 수익은 커진다는 사실을 알 수 있다.


## 복권이 당첨될 확률은?

'기댓값'은 이 확률을 바탕으로 계산되는 수치를 말한다. 가령 '복권 상금의 기댓값=당첨될 확률×상금'이다. 복권은 등수별로 당첨되는 개수(확률)와 상금이 정해져 있다. 기댓값은 모든 등수 별로 '당첨될 확률×상금의 합'으로 구할 수 있다.

그렇다면 다음을 보면서 실제 복권으로 기댓값을 계산해보자. 당첨금×개수의 합을 복권의 총 발행수로 나눈 값이 기댓값이다. 이렇게 계산해보면 카지노가 생기기 어려운 이유를 알 수 있다.

일본에는 보통 11월 말부터 판매해 연말에 당첨을 발표하는 '연말 점보 복권'이 있다. 상당히 인기가 많은 복권이다. 2010년 일본의 연말 점보 복권의 기댓값은 142.99엔이었다. 이것은 1장에 300엔인 복권의 기댓값이다. 이것을 100엔당으로 환산하면 기댓값은 47.66엔이다. 이것을 다시 비율로 나타내서 47.66%를 '환급률'이라고 한다.

다시 말해 100엔에 대해 47.66엔이 상금으로 지급되는 것이다.

## 🙂 복권을 분석해보자

💰 2010년 일본의 연말 점보 복권의 경우

| 등급 | 당첨금 | 개수 (74유닛) | 1유닛 (1,000만 개) | 당첨금×개수 (1유닛) |
|------|--------|---------------|---------------------|----------------------|
| 1등 | 200,000,000엔 | 74개 | 1개 | 200,000,000엔 |
| 1등의 앞뒤 번호 | 50,000,000엔 | 148개 | 2개 | 100,000,000엔 |
| 1등과 조만 다른 번호 | 100,000엔 | 7,326개 | 99개 | 9,900,000엔 |
| 2등 | 100,000,000엔 | 370개 | 5개 | 500,000,000엔 |
| 3등 | 1,000,000엔 | 7,400개 | 100개 | 100,000,000엔 |
| 4등 | 10,000엔 | 740,000개 | 10,000개 | 100,000,000엔 |
| 5등 | 3,000엔 | 2,220,000개 | 30,000개 | 90,000,000엔 |
| 6등 | 300엔 | 74,000,000개 | 1,000,000개 | 300,000,000엔 |
| 행운상 | 30,000엔 | 74,000개 | 1,000개 | 30,000,000엔 |
| | | | 합계 금액 | 1,429,900,000엔 |

💰 그러므로

기댓값=1,429,900,000엔÷10,000,000개=142.99엔

기댓값과 환급률은 모두 실제로 얼마나 수익을 얻을 수 있는지를 나타내는 지표다.

## 어떤 도박이 수익률이 높을까

기댓값에는 돈의 단위가 붙지만, 환급률에는 단위가 붙지 않는다. 다른 도박의 환급률을 비교하며 살펴보자.

다음 표에도 잘 나타나 있지만, 일본에서 도박은 카지노(룰렛, 슬롯머신, 바카라)에 비해 환급률이 낮다. 복권과 경마 등 일본의 공영 도박의 환급률이 낮은 이유는 당첨금 지급액과 사업 경비를 빼고 남은 수익금이 판매원인 지방 자치 단체의 수입이 되기 때문이다. 바로 이것이 공영 도박이 존재하는 이유이자, 반대로 말하자면 카지노가 생기기 어려운 원인이다.

## 한방에 큰돈 벌기? 적게 벌고 오래 즐기기?

카지노의 특징은 90%가 넘는 수치에서 알 수 있듯이 '환급률이 매우 높다'는 점이다. 그러므로 가진 돈이 별로 없어도 오랜 시간 즐길 수 있다. 환급률이 100%보다 조금이라도 낮으면 카지노 주인은 반드시 그 차액을 수익으로 얻을 수 있다.

큰돈을 걸어 한 번만 할 수도 있고, 적은 돈으로 오래 즐길 수도 있는 것이 카지노다. 카지노의 높은 환급률은 매우 합리적임

| 도박 | 환급률 |
|---|---|
| 복권 | 45.7% |
| 경마 | 74.8% |
| 파친코 | 60%~90%(공식 자료 없음) |
| 룰렛 | 94.74% |
| 슬롯머신 | 95.8% |
| 바카라(플레이어) | 98.64% |
| 바카라(뱅커) | 98.83% |

을 알 수 있다. 그러므로 만약 사설 카지노가 생긴다면 지금 운영되는 공영 도박은 큰 타격을 받을 수밖에 없다.

카지노와 도박을 권하려는 것이 결코 아니다. 다만 우리는 수학적으로 '리스크가 큰 도박'과 '적은 돈으로도 오래 즐길 수 있는 카지노'를 비교해볼 수 있다.

여러분은 어떻게 생각하는가?

환급률을 알면 더 재미있게 즐길 수 있구나.

# 도박에 필승법이 있다?

### 조건이 있는 필승법

도박에 반드시 이기는 필승법이란 존재하지 않는다. 그러나 조건이 붙는다면 얘기가 달라진다. 그중 하나가 '마틴게일 전략'이다. '이겼을 때 배당률이 2배 이상인 도박'인 경우는 반드시 돈을 벌 수 있다는 필승법이다. 우선 기본 원리를 이해하는 것부터 시작하자.

### 필승법의 간단한 원리

이해하기 쉽도록 이겼을 때 항상 건 돈의 2배를 받는 도박을 생각해보자. 처음에 100원을 걸고 시작한다. 그러면 이겼을 때 받는 배당금은 2배인 200원이므로 건 돈을 뺀 100원이 수익이다.

만약 졌다면 다음에는 2배인 200원을 건다. 여기서 이기면 배당금은 2배인 400원이므로 400-(100+200)=100(원)이 수익이다.

만약 또 졌다면 다음에는 2배인 400원을 건다. 여기서 이기면 배당금은 2배인 800원이므로 800-(100+200+400)=100(원)이 수익이다.

만약 여기서도 졌다면 다음에는 2배인 800원을 건다. 여기서 이기면 배당금은 2배인 1,600원이므로 1,600-(100+200+400+800)=100(원)이 수익이다.

만약 또 졌다면 다음에는 2배인 1,600원을 건다. 여기서 이기면 배당금은 2배인 3,200원이므로 3,200-(100+200+400+800+1,600)=100(원)이 수익이다.

그래도 졌다면 다음에는 2배인 3,200원을 건다. 여기서 이기면 배당금은 2배인 6,400원이므로 6,400-(100+200+400+800+1,600+3,200)=100(원)이 수익이다.

이제 알아차렸을 것이다. 이 필승법은 '이길 때까지 2배의 금액을 걸고 계속한다.'는 것이 전부다. 언제 이기더라도 반드시 처음에 걸었던 돈과 같은 액수인 100원을 벌 수 있다. 이것이 바로 마틴게일 전략이다. 참고로 이긴 후에도 도박을 계속한다면 배당금에 손을 대지 않고 처음부터 다시 100원으로 시작한다.

## 시뮬레이션을 통해 알아보는 필승법

그렇다면 실제로 시험해보자.

마틴게일 전략의 원리에 따르면 도박에서 계속 질 경우에는 돈이 점점 더 많이 필요하기 때문에 초기 자금이 중요하다는 사실을 알 수 있다. 앞에서 설명한 이겼을 때 배당률이 2배인 게임에서 계속 졌을 경우에는 자금이 얼마나 필요할까? 질 때마다 잃는 돈을 계산해보자.

1번 졌을 때 100+200=300(원)

2번 졌을 때 100+200+400=700(원)

3번 졌을 때 100+200+400+800=1,500(원)

......

8번 졌을 때는 51,100(원)

9번 졌을 때는 102,300(원)

10번 졌을 때는 200,700(원)

$n$번 졌을 때 $(2^{(n+1)}-1)\times100$(원)

이것을 표로 만들어보면 다음과 같다. 즉, 만약 초기 자금 10만 원을 준비해서 모두 마틴게일 전략에 따라 걸었을 때, 8번 연속

|  | 건 돈 | 건 돈의 합계 |
|---|---|---|
| 1번째 | 100원 | 100원 |
| 2번째(1번 졌을 때) | 200원 | 300원 |
| 3번째(2번 졌을 때) | 400원 | 700원 |
| 4번째(3번 졌을 때) | 800원 | 1,500원 |
| 5번째(4번 졌을 때) | 1,600원 | 3,100원 |
| 6번째(5번 졌을 때) | 3,200원 | 6,300원 |
| 7번째(6번 졌을 때) | 6,400원 | 12,700원 |
| 8번째(7번 졌을 때) | 12,800원 | 25,500원 |
| 9번째(8번 졌을 때) | 25,600원 | 51,100원 |
| 10번째(9번 졌을 때) | 51,200원 | 102,300원 |
| 11번째(10번 졌을 때) | 102,400원 | 204,700원 |

해서 지면 잃은 돈의 합계가 5만 1,100원이 되므로, 9번째 걸어야 할 5만 1,200원을 낼 수 없게 되고 이제 그만두어야 한다. 따라서 5만 1,100원을 잃은 것이다.

당연한 말이지만, 처음에 준비한 자금이 많으면 게임을 계속할 수 있는 횟수가 늘어나고, 적을수록 게임을 할 수 있는 횟수가 줄어든다. 여기까지 계산해보면, 아무리 돈을 많이 준비했다고 해도 '처음에 건 돈에 비교하면 100원밖에 벌지 못한다.'는 사실을 알 수 있다. 초기 자금 10만 원을 준비해서 결국에는 100원밖에 벌지 못한다면 좋은 필승법이라고는 할 수 없다.

그러나 실제 도박의 배당률은 2배가 아니라 종류에 따라 2배 이상부터 몇십 배, 몇백 배까지도 바뀐다. 다시 말해, 이겼을 때 받을 수 있는 돈이 2배가 아니라 10배라면 수익은 100원보다 훨씬 큰 금액이 된다는 뜻이다. 만약 앞에서 든 예에서 5번째 판에 1,600원을 걸고 이겼을 때 10배를 받을 수 있다고 하면, 수익은 16,000−3,100=12,900(원)이 된다. 이것이 바로 마틴게일 전략의 필승법이다.

## 배당률을 정확히 파악해야 하는 마틴게일 전략

그렇다면 여기서 사례를 하나 소개하겠다. 나는 어떤 텔레비전 방송국의 수학 특집 프로그램에 출연한 적이 있다. 우선 마틴게일 전략을 설명한 다음, 이 방법에 따라 실제로 경마에 돈을 걸어 보았다.

아나운서가 한 경마장에 들어가 단승 배당률이 2배 이상일 때만 마권을 사기로 정하고 100원부터 시작했다. 그리고 앞의 표와 똑같이 계산했다. 여기서는 마지막에 이겼을 때 배당률이 관건이었다. 10번을 연속해서 지고 11번째에서 이겼고, 결국 2.8배로 환급을 받았다. 환급금은 102,400×2.8−204,700=82,020(원)이었다. 이 게임은 해본 적도 없고 대본도 없었지만 진행은 매끄러

웠다. 그렇다면 왜 '단승 배당률이 2배 이상'이라는 규칙이 생기는지를 생각해보자.

실제 경마에서는 배당률이 바뀐다. 내가 큰돈으로 2배가 넘는 마권을 샀다면, 그것 때문에 배당률이 내려가 2배 이하가 될 수도 있다. 만약 배당률이 1.9배인 마권을 구입했다면 이겼다 해도 돈을 따지 못하는 일이 생긴다. 정확하게 배당률을 예측해 마틴게일 전략에 따라 도전하려면 나름대로 고도의 판단력이 필요하다.

### 높은 리스크, 불확실한 리턴?

이것이 조건부 필승법인 마틴게일 전략이다. 만약 경마에서 하루에 경주 12번을 모두 지면 40만 9,500원을 걸어야 한다. 그렇게 돈을 쏟아부어 이겼다 하더라도 배당률을 모르기 때문에 얼마를 딸지도 알 수 없다. 다시 한번 말하지만, 이겼을 때 받을 수 있는 금액의 비율이 딱 2배라면 아무리 큰돈을 걸었다고 하더라도 딱 100원밖에 딸 수가 없다. 이것이 바로 하이 리스크 로 리턴이다.

만약 12번째 경주에서 배당률이 2.1배라면 $204,800 \times 2.1 - 409,500 = 20,580$(원)을 받을 수 있고, 3배라면 20만 4,900원을 받게 된다. 이처럼 배당률이 오르면 하이 리스크 하이 리턴이지만, 결국 경마에서 마틴게일 전략을 따르는 것은 하이 리스크, 불

## ● 계속할수록 돈이 든다!

|  | 건 돈 | 건 돈의 합계 |
|---|---|---|
| 12번째(11번 졌을 때) | 204,800원 | 409,500원 |
| 13번째(12번 졌을 때) | 409,600원 | 819,100원 |
| 14번째(13번 졌을 때) | 819,200원 | 1,638,300원 |
| 15번째(14번 졌을 때) | 1,638,400원 | 3,276,700원 |
| 16번째(15번 졌을 때) | 3,276,800원 | 6,553,500원 |
| 17번째(16번 졌을 때) | 6,553,600원 | 13,107,100원 |

점점 큰돈을 걸어야 한다니,
현기증이 날 것 같아!

확실한 리턴이라고 할 수 있다. 그래도 도전해보겠는가?

## 단 하나의 필승법

마틴게일 전략은 리스크가 있는 필승법이다. 만약 돈을 확실하게 따고 싶다면 방법은 하나다. 딜러가 되는 것이다. 앞서 '복권과 카지노 중 어떤 것이 수익이 더 높을까?'에서도 소개했듯이, 도박은 결과적으로 '참가자(플레이어)는 반드시 손해를 보고 주최자(딜러)는 반드시 돈을 버는 구조'다. 도박을 하게 된다면 돈을 반드시 따겠다는 생각보다는 돈을 내고 승부를 즐기겠다는 마음가짐이 도박을 대하는 건전한 태도일 것이다.

주사위에서 홀 또는 짝이 나올 확률은 반반!

# 수학으로 예뻐지자!

## 닮은각

사람들은 왜 모나리자에 매료되는가

영화 〈로마의 휴일〉에서 아름다운 공주로 분한 여배우 오드리 헵번. 영화배우에서 모나코 왕비가 된 그레이스 켈리. 금발의 미모로 시대의 아이콘이 된 마릴린 먼로. 그리고 은은한 미소의 상징인 레오나르도 다빈치의 명화 〈모나리자〉.

사람들을 매료하는 미인의 얼굴에는 어떤 공통점이 있다. 바로 양쪽 눈썹과 입술 양끝을 연결한 두 선이 이루는 각도가 45도라는 것이다. 45도에는 어떤 비밀이 숨어 있을까?

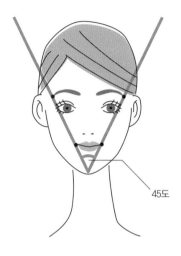

45도

> 양쪽 눈썹 끝에서 입꼬리를 연결하는 선을 그었을
> 때 턱밑에서 교차하는 각도가 45도일 때 '미인각'이
> 라고 한다.

### 건축과 예술에 깃들어 있는 45도

이 45도를 '미인각'이라고 부르기로 하자. 사실 미인각은 '정사각형'과 '닮음비' 또는 '금강비'와 관련이 있다. 집을 지을 때 산에서 베어온 통나무를 정사각 기둥 모양으로 만든 목재를 사용한다. 가장 낭비가 적고 견디는 힘이 커지는 단면이다. 그것이

정사각형의 특징이다. 이 나무를 사용해 만든 대표적인 것이 일본 다실이다. 일본 다실에서는 수많은 정사각형을 볼 수 있는데, 정사각형을 이용한 양식미를 상징하는 공간이다. 다다미의 배치, 화로, 방석, 이불, 미닫이문 등 모든 것이 정적을 연출하기 위한 정사각형 모양이다. 쓸모없는 것을 줄이고 최적화한 형태가 바로 정사각형이다. 그렇게 만들어진 공간에서 합리적인 다기의 배치와 동작이 디자인된 예술, 그것이 일본의 다도다.

## 무대 위의 45도

45도는 정사각형에 대각선을 그었을 때 생기는 각도이기도 하다. 일본의 전통 연극인 노(能)의 경우, 무대가 정사각형인 점이 매우 중요하다. 연극의 주인공은 정사각형 무대 위에서 항상 대각선 방향으로 움직인다고 한다. 즉, 예술 세계에서도 45도는 중요한 각도인 것이다.

닮음비(금강비)는 1 대 √2의 비율인데, √2는 약 1.4다. 이 닮음비는 정사각형에 대각선을 그었을 때 생긴다. 일본의 승려 셋슈(1420~1502)의 수묵화나 우키요에의 창시자 히시카와 모로노부(1618~1694)의 〈돌아보는 미인도〉에서도 1 대 약 1.4 닮음비를 볼 수 있다.

## ● 닮음비(또는 금강비)

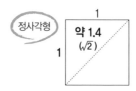

정사각형

약 1.4
(√2)

1

1

## ● 정사각형의 특징을 살린 일본 다실

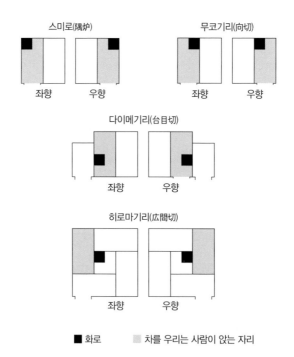

스미로(隔炉)

좌향  우향

무코기리(向切)

좌향  우향

다이메기리(台目切)

좌향  우향

히로마기리(広間切)

좌향  우향

■ 화로    차를 우리는 사람이 앉는 자리

| 기둥 | | | 기둥 |
|---|---|---|---|
| 조자<br>(常座) | 다이쇼마에<br>(大小前) | 후에자<br>(笛座) | |
| 와키쇼<br>(ワキ正) | 쇼추<br>(正中) | 지노카시라<br>(地の頭) | |
| 메쓰케<br>(目付) | 쇼사키<br>(正先) | 와키자<br>(ワキ座) | |
| 기둥 | | | 기둥 |

정말 정사각형의
대각선 방향으로
움직이는구나!

복사용지는 가로와 세로의 비율이 닮음비인 직사각형이다. 복사용지는 반으로 접어도 원래 직사각형과 똑같은 모양이 되는 성질(닮음)이 있다. 닮음비는 정사각형의 한 변과 대각선의 비율을 말한다. 이때 정사각형의 한 변과 대각선이 이루는 각도가 45도다.

두 각이 45도인 직각 이등변 삼각형에는 비밀이 있다. 머릿속으로 색종이를 떠올려보자. 종이를 대각선으로 반을 접으면 두 변의 길이가 같고 두 각이 45도인 직각 이등변 삼각형이 생긴다. 종이를 다시 반으로 접으면 같은 모양(닮은꼴)의 이등변 삼각형이 생긴다. 이렇게 계속 접으면 같은 이등변 삼각형을 계속 만들 수 있다. 요컨대 닮은꼴이 무한히 생긴다. 물론 종이로 접으면 한계는 있다.

이처럼 45도는 정사각형과 닮음비를 연상시키고, 나아가 무한한 닮은꼴과도 관련이 있는 각도다. 어쩌면 역사 속 화가와 다도의 대가는 '45도의 비밀'을 알아차렸을지도 모른다.

## 미인각으로 예뻐지자

얼굴이라는 무대 위에 45도는 정사각형과 닮음비를 연상시키며 군더더기 없는 아름다움으로 통한다. 45도의 라인은 직각 이등변 삼각형에서 무한히 생기는 닮은꼴을 떠올리게 한다. 어쩌면

## 복사용지로 닮음비($\sqrt{2}$=1.41421356⋯)를 확인해보자

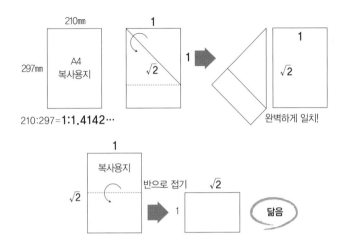

210:297=**1:1.4142**⋯

## 무한 증식하는 닮은꼴 삼각형

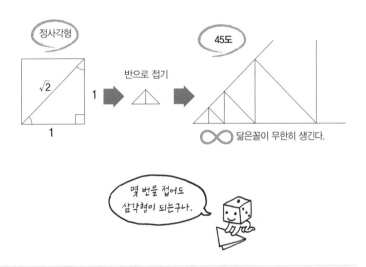

45도는 잠재적으로 우리의 미의식에 영향을 주는 각도가 아닐까? 45도에서 무한이 갖는 아름다움과 영원에 대한 아름다움을 느끼는 것일지도 모른다.

이것이 '미인각 45도'의 비밀이다. 여러분도 시험 삼아 얼굴의 정면 사진을 찍은 다음, 눈썹 끝과 입꼬리에 선을 그어서 각도를 재보기 바란다. 나는 미인각의 소유자일까? 설령 미인각이 아니어도 실망하지 말자. 정확히 45도가 아니어도 비슷한 각도가 나온다면 화장을 할 때 이 이론을 활용할 수 있다. 눈썹 길이를 조정하면 된다. 자, 오늘부터 미인각 45도를 실천해보기 바란다.

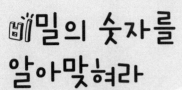

# 비밀의 숫자를 알아맞혀라

**전자계산기를 이용한 숫자 알아맞히기 마술**

일상생활에서 흔히 쓰이는 전자계산기는 우리에게 유용한 존재다. 이 전자계산기를 사용해 누구나 할 수 있는 '숫자 알아맞히기 마술'을 소개하려고 한다. 우선 10자리 이상을 표시할 수 있는 계산기를 준비한다. 그리고 마술을 보여주고 싶은 사람에게 이렇게 말하면서 다음 단계를 따라 숫자와 기호를 입력한다.

**1단계** 먼저 '지금부터 마술을 보여드릴 테니 조금만 기다려주세요.'라고 말하면서 전자계산기에 12345679를 입력한다.

**2단계** ×(곱하기)를 누른 다음 '1부터 9 중에서 좋아하는 숫자(비밀의 숫자)를 누른 다음 =(이퀄)을 누르세요.'라고 말하면서 전자계산기를 건넨다.

**3단계** 상대가 숫자와 이퀄을 눌렀는지 확인하고 다시 전자계산기를 돌려받는다. 그리고 '당신이 고른 숫자를 알아맞히기 위해 한 번 더 마법을 걸겠습니다.'라고 말하면서 ×, 9, =을 순서대로 누른다.

**4단계** 표시된 숫자를 확인한 후 상대에게 전자계산기를 보여주고 '당신이 고른 숫자는 ○입니다.'라고 말하면서 '비밀의 숫자'를 알아맞힌다.

어떻게 비밀의 숫자를 맞힐 수 있었는지 순서대로 하나씩 따라가보자.

**1단계** 12345679를 입력한다.

**2단계** 상대가 7을 골랐다면 12345679×7이 된다.

**3단계** ×를 누르면 864197530이 나오고, 이어서 ×, 9, =을 누른다.

**4단계** 전자계산기에 777777777이 나온다.

4단계에서 '상대가 고른 숫자' 9개가 나란히 나오기 때문에 그것을 보고 '당신이 고른 숫자는 7입니다!' 하고 정답을 말하면 된다. 마지막 결과를 보면 비밀의 숫자가 무엇인지 알아챌 수 있다.

## ● 전자계산기로 마술에 도전해보자!

| 1단계 | 2단계 | 3단계 | 4단계 |
|-------|-------|-------|-------|
| 12345679 | 86419753 | ×9 | 77777777 |
| 1 2 3 4 5 6 7 9 | 비밀의 숫자를 눌러주세요. | ×9 | 결과가 나왔어요. 비밀의 숫자는 7이군요! |
| ×7 | | | = |

이제 전자계산기를 이용한 숫자 알아맞히기 마술의 트릭을 공개하겠다. 정리하면 1단계부터 4단계까지 12345679×(비밀의 숫자)×9를 계산한다. 이 계산은 순서를 바꾸면 12345679×9×(비밀의 숫자)가 된다. 곱셈 12345679×9의 답은 111111111이다. 그러면 111111111×(비밀의 숫자)가 되므로 결국 비밀의 숫자 9개가 이어진 수가 나온다.

$$12345679 \times 9 = 111111111$$

그렇구나!

# 한자 속에
# 숨은 숫자

## 나이를 의미하는 명칭과 수학의 신기한 관계

88세를 미수(米壽)라고 하듯이, 한자 문화권에서는 장수를 축하하는 의미에서 특정 나이를 '○수(壽)'라는 또 다른 이름으로 부른다. 가령 77세는 희수(喜壽), 99세는 백수(白壽)라고 한다. 이런 말들은 어떻게 생겨났을까? 여기에서 우리는 '한자 속에 숨은 숫자'를 찾아내보려고 한다.

한자 속에 숨은 숫자를 찾아보자. 88세를 말하는 미수부터 살펴보자. 미수의 미(米) 자를 따로 떼어 보면, 팔(八)과 십(十)과 팔(八)이라는 3가지 숫자로 이루어졌다는 사실을 알 수 있다. 그래

88세 = 米壽
미 수

米 米 米
↓ ↓ ↓
八 十 八

● 초서체에 비밀이 숨어 있다!

77세 = 喜壽
희 수

해서체    초서체

喜 = 七七 → 七七

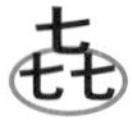

서 88세는 미(米)수다.

다음에는 77세를 뜻하는 희수의 희(喜) 자를 보자. 희는 초서체로 𠫤라고 쓴다. 칠(七) 2개가 나란히 있어 77이 보인다.

99세가 백수(白壽)인 이유는 백세(百歲)의 다른 이름인 백수(百壽)에 힌트가 있다. 백(百) 자의 첫 번째 획인 가로선을 빼보자. 그러면 백(白)이라는 한자가 보인다. 이것을 다음 그림에서 식으로 써보았다.


## 한자의 덧셈과 뺄셈

한자 속에 숨은 숫자는 이 밖에도 많이 있다.

80세는 산수(傘壽)라고 한다. 산(傘)의 약자가 仐이기 때문에 팔십(八十)으로 보인다.

81세는 반수(半壽) 또는 반수(盤壽)라고 한다. 반(半)은 자세히 보면 팔(八)과 십(十)과 일(一)로 나눌 수 있다. 그런데 왜 반수(盤壽)라고도 부를까? 이것은 장기판에서 힌트를 얻을 수 있다. 장기는 9×9의 칸이 그려진 반상에서 두곤 한다. 그래서 81이다.

90세는 졸수(卒壽)라고 한다. 졸(卒)의 약자가 卆이고, 한자를 나누면 구(九)와 십(十)으로 보이기 때문이다.

111세는 황수(皇壽)다. 황(皇)을 백(白)과 왕(王)으로 나누어 생각하자. 백(白)은 百자의 첫 번째 획을 뺐기 때문에 100−1=99가

## 🫛 신기한 한자 계산 ① 99 만들기

100 세 = 百(백) 壽(수)    99 세 = 白(백) 壽(수)

$$百 - 一 = 白$$
$$100 - 1 = 99$$

## 🫛 약자에 숨은 비밀 ①

80세 = 傘(산) 壽(수)

傘 = 仐

仐 → 八
仐 → 十

## 🫛 한자를 나누어보면

81세 = 半(반) 壽(수)

半  半  半
↓  ↓  ↓
八  十  一

되고, 왕(王) 속에는 십(十)과 이(二)가 숨어 있으므로 99+10 +2=111이 된다. 황수는 천수(川壽)라고 부르기도 한다. 천(川) 자는 가로로 1이 3개 나란히 있는 것처럼 보이기 때문이다.

나아가 (인간의 수명으로는 비현실적인) 1001세는 왕수(王壽)라고 한다. 왕(王) 자는 또 다르게 보면 천(千)과 일(一)로 이루어져 있는 것처럼 보이기도 한다.

## 한자 퀴즈 '차수의 비밀을 풀어라'

마지막으로 문제를 하나 내겠다. 108세는 차수(茶壽)라고 부르는데 그 이유는 무엇일까? 힌트는 미수(米壽)에 있다.

차(茶)의 부수인 초두머리(艹)를 나누면 十과 十 자가 된다. 즉 10+10이므로 20이 된다. 그리고 차(茶)의 초두머리 아래는 미(米)와 마찬가지로 팔(八)과 십(十)과 팔(八)로 이루어져 있으므로 88이다. 20+88은 108이 되는 것이다.

이처럼 ○壽라고 나이를 부르는 특별한 이름이 따로 있는 이유는 장수를 축하하고 바라는 마음 때문이다. 숫자와 한자가 어우러져 만들어진 멋스러운 한자 표현이다. 여러분도 숫자와 한자를 조합해 나만의 ○壽를 찾아보길 바란다.

$$90세 = 卒^{졸}壽^{수}$$

$$卒 = 卆$$

$$卆 \rightarrow 九$$
$$卆 \rightarrow 十$$

● 신기한 한자 계산 ② 111 만들기

$$111세 = 皇^{황}壽^{수}$$

皇 皇 皇
↓ ↓ ↓
白 十 二

$$99 + 10 + 2 = 111$$

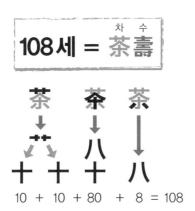

10 + 10 + 80 + 8 = 108

# 신기한
# 마방진의 세계

**퍼즐? 아니면 마술?**

수학에는 마법이 아니라 마방(磨方)이 존재한다. 지금부터 소개할 마방진은 $n \times n$이라는 칸에 적힌 숫자를 가로, 세로, 대각선 어느 방향으로 더해도 숫자의 합이 똑같은 신기한 도형이다. 마방진을 영어로는 매직 스퀘어(magic square, 마의 정사각형)라고 한다. 여러 유형의 마방진을 살펴보자. 다음 그림을 보자. 어떤 의미인지 이해했는가? 맞다. 가로, 세로, 대각선의 합이 모두 15다.

실제로 계산을 해보자.

### 3×3 마방진

| | | |
|---|---|---|
| 4 | 9 | 2 |
| 3 | 5 | 7 |
| 8 | 1 | 6 |

먼저 세로로 더해보자.

2+7+6=15

9+5+1=15

4+3+8=15

이어서 가로로 더해보자.

4+9+2=15

3+5+7=15

8+1+6=15

마지막으로 대각선으로 더해보자.

4+5+6=15

2+5+8=15

합이 모두 15다. 무수히 많은 수의 조합이 하나의 형태로 결실을 맺은 듯이 신비롭다. 이것이 마방진이다.

### 어디까지 더할 수 있을까? 놀라운 마방진

이어서 4×4 마방진을 소개하겠다. 이번에는 가로, 세로, 대각선의 합이 모두 34다. 조금 어려울 수 있으니 그림도 함께 살펴보도록 하자. 4×4 마방진은 가로, 세로, 대각선뿐이 아니다. 합이 34가 되는 조합이 많이 있다. 이처럼 마방진은 끝없는 놀라움

● 4×4 마방진

| 16 | 3 | 2 | 13 |
| 5 | 10 | 11 | 8 |
| 9 | 6 | 7 | 12 |
| 4 | 15 | 14 | 1 |

### 🔵 4×4 마방진

**가로로 더하기**

| 16 | 3 | 2 | 13 |
|---|---|---|---|
| 5 | 10 | 11 | 8 |
| 9 | 6 | 7 | 12 |
| 4 | 15 | 14 | 1 |

16+3+2+13=34
5+10+11+8=34
9+6+7+12=34
4+15+14+1=34

### 🔵 4×4 마방진

**세로로 더하기**

| 16 | 3 | 2 | 13 |
|---|---|---|---|
| 5 | 10 | 11 | 8 |
| 9 | 6 | 7 | 12 |
| 4 | 15 | 14 | 1 |

13+8+12+1=34
2+11+7+14=34
3+10+6+15=34
16+5+9+4=34

### 🔵 4×4 마방진

**대각선으로 더하기**

| 16 | 3 | 2 | 13 |
|---|---|---|---|
| 5 | 10 | 11 | 8 |
| 9 | 6 | 7 | 12 |
| 4 | 15 | 14 | 1 |

16+10+7+1=34
13+11+6+4=34

### 🔵 4×4 마방진

**2×2를 블록으로 더하기**

| 16 | 3 | 2 | 13 |
|---|---|---|---|
| 5 | 10 | 11 | 8 |
| 9 | 6 | 7 | 12 |
| 4 | 15 | 14 | 1 |

16+3+5+10=34
2+13+11+8=34
9+6+4+15=34
7+12+14+1=34

### 🔵 4×4 마방진

**합이 34가 되는 조합은 아직도 많다!**

16+13+4+1=34
10+11+6+7=34

3+2+15+14=34
5+8+9+12=34

16+2+9+7=34
10+8+15+1=34

3+13+6+12=34
5+11+4+14=34

을 선사한다.

　이번에는 더 대단한 마방진이 온다. 이 마방진은 지금까지 나온 마방진과 비슷해 보이지만, 사실 일반적인 대각선 말고도 다음에 나오는 다른 대각선의 합이 모두 똑같은 마방진이다. 이것을 '완전 마방진'이라고 한다.

● 더 대단한 마방진

| 14 | 7 | 2 | 11 |
| --- | --- | --- | --- |
| 1 | 12 | 13 | 8 |
| 15 | 6 | 3 | 10 |
| 4 | 9 | 16 | 5 |

● 완전 마방진은 이렇게 더해도 합이 똑같다!

| 14 | 7 | 2 | 11 |
|----|---|---|----|
| 1 | 12 | 13 | 8 |
| 15 | 6 | 3 | 10 |
| 4 | 9 | 16 | 5 |

14+12+3+5=34
11+13+6+4=34

| 14 | 7 | 2 | 11 |
|----|---|---|----|
| 1 | 12 | 13 | 8 |
| 15 | 6 | 3 | 10 |
| 4 | 9 | 16 | 5 |

1+7+16+10=34
2+8+15+9=34

| 14 | 7 | 2 | 11 |
|----|---|---|----|
| 1 | 12 | 13 | 8 |
| 15 | 6 | 3 | 10 |
| 4 | 9 | 16 | 5 |

7+13+10+4=34
16+6+1+11=34

| 14 | 7 | 2 | 11 |
|----|---|---|----|
| 1 | 12 | 13 | 8 |
| 15 | 6 | 3 | 10 |
| 4 | 9 | 16 | 5 |

2+12+15+5=34
9+3+8+14=34

| 14 | 7 | 2 | 11 |
|----|---|---|----|
| 1 | 12 | 13 | 8 |
| 15 | 6 | 3 | 10 |
| 4 | 9 | 16 | 5 |

14+2+15+3=34
12+8+9+5=34

| 14 | 7 | 2 | 11 |
|----|---|---|----|
| 1 | 12 | 13 | 8 |
| 15 | 6 | 3 | 10 |
| 4 | 9 | 16 | 5 |

7+11+6+10=34
1+13+4+16=34

| 14 | 7 | 2 | 11 |
|----|---|---|----|
| 1 | 12 | 13 | 8 |
| 15 | 6 | 3 | 10 |
| 4 | 9 | 16 | 5 |

14+7+1+12=34
15+6+4+9=34
2+11+13+8=34
3+10+16+5=34

| 14 | 7 | 2 | 11 |
|----|---|---|----|
| 1 | 12 | 13 | 8 |
| 15 | 6 | 3 | 10 |
| 4 | 9 | 16 | 5 |

14+11+4+5=34
12+13+6+3=34
7+2+9+16=34
1+8+15+10=34

이렇게 더해도
모두 34가 되는구나.
완벽한 마방진이야!

### 원도 되고 육각형도 되는 마방진

둥근 모양으로 된 마방진도 있다. 원둘레와 지름이 만나는 부분에 숫자를 넣는다. 한가운데에 1을 두고 모든 둘레에 있는 숫자의 합과 모든 지름에 있는 숫자의 합이 똑같다.

원진으로 된 마방진을 완성해보자. 한가운데에 1을 두고 작은 숫자와 큰 숫자를 순서대로 조합한다. 2와 9, 3과 8, 4와 7, 5와 6을 짝지어서 써넣으면 된다. 둘레의 합은 22, 지름의 합은 23이 된다.

그리고 육각형에서도 성립하는 '마육각진'이라는 마방진도 있

---

### ● 원진으로 된 마방진을 완성해보자

[문제] ○에 들어갈 숫자는?

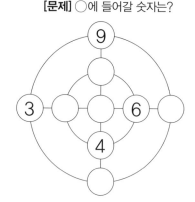

[답]

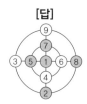

**둘레**  9+8+2+3=22
      7+6+4+5=22
**지름**  9+7+1+4+2=23
      3+5+1+6+8=23

---

다. 다음 페이지의 그림을 보자. 마육각진은 왼쪽 대각선, 오른쪽 대각선, 가로 방향의 합이 모두 같다. 이어서 그다음 그림을 보자. 이것도 마육각진이다. 이쯤 되면 숫자의 합을 확인하는 데 시간이 더 많이 걸린다.

## 점성술사는 마방진을 부적으로 삼았다?

16세기 서양의 점성술사들은 유대교의 신비주의 중 하나인 카발라(수비술)를 신봉했다. 수비술은 생년월일과 이름 등을 숫자로 바꾼 다음에 독자적인 계산법으로 미래를 점치는 점술이다. 그들은 그림에서 보는 바와 같이 행성과 위성 등을 숫자(토성은 15, 화성은 65 등)로 바꾸어 마방진을 만들고, 이 마방진을 새긴 메달을 부적으로 삼았다(85쪽).

현대는 마술이 필요 없어진 시대지만, 마방진을 보면 무언가 신비로운 느낌이 든다. 수의 신비에 매료된 옛날 사람들이 마방진을 부적으로 삼았던 마음은 아마 여러분도 이해할 수 있을 것이다.

## 😊 마육각진

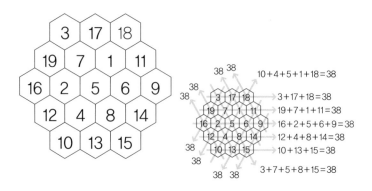

## 😊 여러 마육각진

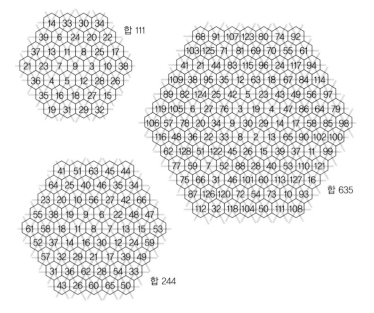

**토성 = 15**

| 4 | 9 | 2 |
|---|---|---|
| 3 | 5 | 7 |
| 8 | 1 | 6 |

**목성 = 34**

| 4 | 14 | 15 | 1 |
|---|----|----|---|
| 9 | 7 | 6 | 12 |
| 5 | 11 | 10 | 8 |
| 16 | 2 | 3 | 13 |

**화성 = 65**

| 11 | 24 | 7 | 20 | 3 |
|----|----|---|----|---|
| 4 | 12 | 25 | 8 | 16 |
| 17 | 5 | 13 | 21 | 9 |
| 10 | 18 | 1 | 14 | 22 |
| 23 | 6 | 19 | 2 | 15 |

**태양 = 111**

| 6 | 32 | 3 | 34 | 35 | 1 |
|---|----|---|----|----|---|
| 7 | 11 | 27 | 28 | 8 | 30 |
| 19 | 14 | 16 | 15 | 23 | 24 |
| 18 | 20 | 22 | 21 | 17 | 13 |
| 25 | 29 | 10 | 9 | 26 | 12 |
| 36 | 5 | 33 | 4 | 2 | 31 |

**금성 = 175**

| 22 | 47 | 16 | 41 | 10 | 35 | 4 |
|----|----|----|----|----|----|---|
| 5 | 23 | 48 | 17 | 42 | 11 | 29 |
| 30 | 6 | 24 | 49 | 18 | 36 | 12 |
| 13 | 31 | 7 | 25 | 43 | 19 | 37 |
| 38 | 14 | 32 | 1 | 26 | 44 | 20 |
| 21 | 39 | 8 | 33 | 2 | 27 | 45 |
| 46 | 15 | 40 | 9 | 34 | 3 | 28 |

**수성 = 260**

| 8 | 58 | 59 | 5 | 4 | 62 | 63 | 1 |
|---|----|----|---|---|----|----|---|
| 49 | 15 | 14 | 52 | 53 | 11 | 10 | 56 |
| 41 | 23 | 22 | 44 | 45 | 19 | 18 | 48 |
| 32 | 34 | 35 | 29 | 28 | 38 | 39 | 25 |
| 40 | 26 | 27 | 37 | 36 | 30 | 31 | 33 |
| 17 | 47 | 46 | 20 | 21 | 43 | 42 | 24 |
| 9 | 55 | 54 | 12 | 13 | 51 | 50 | 16 |
| 64 | 2 | 3 | 61 | 60 | 6 | 7 | 57 |

**달 = 369**

| 37 | 78 | 29 | 70 | 21 | 62 | 13 | 54 | 5 |
|----|----|----|----|----|----|----|----|---|
| 6 | 38 | 79 | 30 | 71 | 22 | 63 | 14 | 46 |
| 47 | 7 | 39 | 80 | 31 | 72 | 23 | 55 | 15 |
| 16 | 48 | 8 | 40 | 81 | 32 | 64 | 24 | 56 |
| 57 | 17 | 49 | 9 | 41 | 73 | 33 | 65 | 25 |
| 26 | 58 | 18 | 50 | 1 | 42 | 74 | 34 | 66 |
| 67 | 27 | 59 | 10 | 51 | 2 | 43 | 75 | 35 |
| 36 | 68 | 19 | 60 | 11 | 52 | 3 | 44 | 76 |
| 77 | 28 | 69 | 20 | 61 | 12 | 53 | 4 | 45 |

# 왜 더하기를 +라고 쓸까?

### 사칙연산 기호의 유래

우리에게 너무나도 친숙한 기호 +, −, ×, ÷. 지극히 당연하게 사용하는 사칙연산 기호들이다. 그렇다면 왜 더하기를 기호 +라고 쓰게 되었을까? 지금부터 그 이유를 소개하겠다.

### + 이야기

+는 1489년에 독일의 요하네스 비드만(Johannes Widman, 1460~1498)이 쓴 책에서 처음 사용되었다. 이 책에서 나온 +는 더한다는 뜻이 아니었고, 초과한다는 뜻으로 쓰였다.

덧셈을 할 때 라틴어 et(영어로 and)를 사용해 '3에 5를 더한다'를 '3 et 5'라고 표시했다. +라는 기호는 et의 필기체가 흐트러지면서 t가 되었고, 나중에는 +가 되었다는 설이 있다. 더한다는 뜻의 연산 기호로서 +가 처음 나온 것은 1514년 네덜란드의 판 데르 후커(Gielis van der Hoecke)가 쓴 산술 책이라고 전해진다.

## − 이야기

+와 마찬가지로 −도 비드만의 책에 처음 나왔다. −는 부족하다는 뜻이었다. 뺄셈을 할 때 라틴어 de를 사용해 '5에서 3을 뺀다'는 뜻으로 '5 de 3'이라고 썼다. de는 demptus(제거하다)의 앞글자다.

기호 −는 어디에서 유래했을까? 애초에 서유럽에서는 plus(플러스)와 minus(마이너스)의 머리글자인 p, m을 이용해 '4 $\widetilde{p}$ 3'이나 '5 $\widetilde{m}$ 2'와 같이 표기했다고 한다. 그 때문에 −는 $\widetilde{m}$의 ~이 변형되었다는 설이 있다. 그리고 +와 마찬가지로 1514년 판 데르 후커가 쓴 책에 뺀다는 뜻의 연산 기호로 −가 처음으로 등장했다고 한다.

## × 이야기

1631년 영국의 수학자 윌리엄 오트레드(William Oughtred,

1574~1660)가 유명한 수학 교과서《수학의 열쇠》에서 ×를 처음 사용했다. 오트레드가 ×를 사용하게 되기까지 그 궤적을 따라가 보자.

1600년경에는 영국의 에드워드 라이트(Edward Wright, 1561~ 1615)가 알파벳 X를 사용했다. 이는 중세시대의 '교차 곱셈법'에 서 그려졌던 선이 그 원형으로 보인다. 참고로 라이트는 네이피 어가 쓴 로그 책(라틴어)을 영어로 번역한 것으로도 유명한 수학 자다.

그리고 16세기에는 독일의 수학자 페트루스 아피아누스(Petrus Apianus, 1495~1552)가 쓴 책에 분수 계산을 암기하기 위한 도표 가 있었는데, 여기에 '선으로 연결된 2개의 수를 곱한다.'는 법칙 이 있었다. 이것은 연산마다 계산 방법이 바뀌는 분수를 쉽게 외 우기 위해서 만든 것이었다.(90쪽 그림).

애초에 곱셈에는 연산 기호가 필요 없다. 가령 문자끼리 곱하 면 '$x \times y$'는 '$xy$'라고 쓴다. 숫자끼리 곱할 때 쓰는 기호로는 X 보다 · 이 먼저 쓰였다. 15세기 초반 이탈리아에서는 '3 · 5'라고 썼다. 이렇게 쓰면 '3×5'가 된다. '숫자 · 숫자'로 써도 불편하지 않았기 때문에 굳이 새로운 연산 기호를 생각해낼 필요가 없었 던 것이다.

나중에 ' · '은 곱셈으로 ', '은 소수점 기호로 구별해서 쓰게 되

## ● x는 교차 곱셈법에서 유래했다?

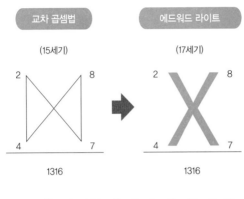

교차 곱셈법

(15세기)

에드워드 라이트

(17세기)

1316

1316

$$(2 \times 4) \times 100 + (2 \times 7 + 8 \times 4) \times 10 + 8 \times 7$$
$$= 800 + 460 + 56$$
$$= 1316$$

선으로 연결된
2개의 수를
곱한다는 뜻이야!

었다.

그렇다면 왜 나중에 ×가 발명되었을까? 그 힌트는 분수에 있다. 재미있게도 분수의 사칙연산 가운데 덧셈(+), 뺄셈(−), 나눗셈(÷)은 대각선으로 '곱셈(×)'을 해야 한다. 분수의 곱셈(×)만 대각선으로 곱하지 않는다. 그렇게 생각하면 곱셈의 기호 ×의 유래는 분수의 사칙연산에서 나타나는 '대각선의 교차'였는지도 모른다. 오트레드는 이런 경험을 바탕으로 ×를 곱셈 기호로 삼은 것이 아닐까 한다.

● 분수의 사칙연산에서 곱셈이 탄생했다?

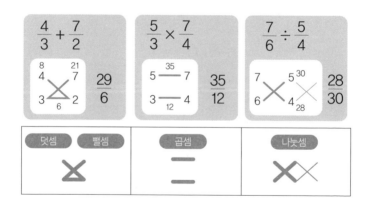

그러나 원래 알파벳 X를 썼기 때문에 새로운 기호 ×는 혼란을 일으킬 수 있다는 이유로 널리 쓰이지는 않았다.

지금도 곱셈은 연산 기호 ×와 · , 그리고 문자식일 때는 '기호 없음' 이렇게 세 종류가 쓰이고 있다.

### ÷ 이야기

÷는 유래가 정확하게 알려져 있지 않다. 독일의 아담 리스(Adam Ries, 1492~1559)는 1522년에, 스위스의 하인리히 란(Hohann Heinrich Rahn, 1622~1676)은 1659년에 각각 자신이 쓴 책에서 ÷를 사용했다. 영국에서는 존 월리스(John Wallis, 1616~1703)와 아이작 뉴턴(Isaac Newton, 1642~1727)이 17세기부터 18세기에 걸쳐 사용함에 따라 ÷ 기호가 점차 자리 잡게 되었다. 한편 독일에서는 고트프리트 라이프니츠(Gottfried Wilhelm Leibniz, 1646~1716)가 ;을 나눗셈 기호로 사용하기 시작하면서 알려지기 시작했다. 라이프니츠는 곱셈은 · 으로 나눗셈은 : 으로 사용했다. 6 : 2=3처럼 말이다.

이렇게 영국에서는 ×과 ÷, 독일을 비롯한 서유럽에서는 · 과 : 을 주로 쓰게 되었다. 그런데 왜 기호가 통일되지 않았을까? 그 이유는 영국의 뉴턴과 독일의 라이프니츠의 '미적분 대논쟁' 때문이다. 두 사람은 서로 다른 접근법을 통해 미적분을 발견했는데, 위대한 두 사람과 그들의 지지자들은 큰 논쟁을 벌였다. 그 결과 수학자들끼리도 다른 의견을 내세우니 기호도 통일되지 않았던 것이다. 이렇듯 기호의 유래를 따라가다 보면 많은 이야기들이 펼쳐진다.

그런 논쟁과 상관없이 ÷와 :를 모두 사용하기도 한다. 다만 $6:2=3$이라는 뜻으로는 쓰지 않고, 비례를 뜻할 때 :을 써서 '$a:(\text{대})b$'라고 표시한다. 그리고 $6:2=3:1$과 $6÷2=3÷1=3$도 구분해 쓴다.

사칙연산 기호에 역사가 깃들어 있다니!

# 왜 0으로 나누면 안 될까?

**어떤 질문에서 시작된 즐거운 수학 시간**

어느 날 수업 시간에 한 학생이 이런 질문을 했다.

🙁 : "선생님, 왜 나눗셈을 할 때 0으로 나누면 안 돼요?"

이런 질문을 던진 학생에게는 차근차근 설명을 하도록 하자. 이 학생은 틀림없이 용기를 내어 선생님에게 질문을 했을 테니 말이다.

🙂 : "참 좋은 질문이구나. 보통은 왜 그럴까 궁금해도 선생님에게 물어보지는 않는데 말이야. 이런 질문을 하면 이상하게 보이지는 않을까 걱정하기도 하고. 그런데 절대 걱정하지 마. 네 질

**나눗셈의 시작은 곱셈**

$$2 \times 3 = 6 \quad \Rightarrow \quad 6 \div 2 = \frac{6}{2} = 3$$

$$4 \times 3 = 12 \quad \Rightarrow \quad 12 \div 3 = \frac{12}{3} = 4$$

$$5 \times 1 = 5 \quad \Rightarrow \quad 5 \div 5 = \frac{5}{5} = 1$$

문은 매우 정상적이고 중요한 질문이야."

왜 이 질문이 중요할까?

그러면 우리도 선생님의 설명에 귀를 기울여보자. 먼저 나눗셈이란 무엇인가를 다시 한번 생각해보자. 위의 그림을 보자.

이처럼 나눗셈은 어떤 수가 다른 수의 배인지를 구하는 계산이다. 자연스레 '태초에 곱셈이 있었다.'라고 연상할 수 있다. 가령 6÷2는 '6은 2의 몇 배인가?'를 구하는 계산이다. '2를 3배 하면 6이 된다.'는 생각이 바탕에 깔려 있다. 이렇게 해서 나눗셈과 곱셈은 대응한다는 사실을 알았다.

## 나눗셈을 곱셈으로 바꾸어 0을 곱해보자

그렇다면 이제 0으로 나누는 나눗셈을 생각해보자. 가령 '3÷0=?'은 '3은 0의 몇 배인가?'라는 계산이다. 이것을 곱셈으로 바꾸면 0×?=3이 된다. 다시 말해 0×?=3 → 3÷0=?이다.

이 식에서 ?에 어떤 수가 들어가야 할지 생각해보자. 0에 어떤 수를 곱하면 3이 될까? 그런 수는 존재하지 않는다.

3÷0의 답은 '없다'이다.

이어서 0을 0으로 나누는 계산을 해보자. 식으로 쓰면 0÷0이다. 이제까지 했던 것처럼 곱셈으로 바꾸어보자.

(곱셈식) → 0÷0=?

그러면 '(곱셈식)'은 '0×?=0'이다. 자, ?에 들어갈 숫자가 있을까? 이번에는 많이 있다.

0×0=0

0×1=0

0×2=0

0×3=0

……

?에 어떤 수를 넣어도 된다. 그러면

0÷0=0

0÷0=1

$0 \div 0 = 2$

$0 \div 0 = 3$

……

이런 식이 된다.

$0 \div 0$의 정답은 '무수히 많다'이다.


### $a \div 0$은 답을 하나로 정할 수 없다

$6 \div 3$은 2와 같이 답이 하나로 정해져 있기 때문에 나눗셈으로서 의미가 있다. 이것은 나눗셈뿐 아니라 모든 계산이 그렇다. $3+5, 6-4, 8 \times 3$은 모두 답이 하나 있다. 그러나 $a \div 0$은 답을 하나로 정할 수 없다.

이것이 0으로 나누면 안 되는 이유다. 이것을 수학에서는 '계산(연산)이 정의되지 않는다.'라고 말하며 아래와 같이 정리할 수

---

### 🔵 $a \div 0$은 정의되지 않는다

$a$가 0이 아닐 때 ➡ $a \div 0$의 답은 하나도 없다.

$a$가 0일 때 ➡ $a \div 0$의 답은 무수히 많다.

따라서 $a \div 0$은 정의되지 않는다.

---

있다.

계산이 정의되지 않는다는 말을 지금까지 들어본 적 없는 사람도 있을 수 있다. 초등학교 때부터 배운 계산은 모두 정의할 수 있는 계산이기 때문이다. 우리가 학교에서 배운 수학에는 생략된 말이 있다. '지금부터 여러분이 도전할 계산은 이미 명확히 정의되어 있습니다. 그러니 안심하고 계산하세요.'

0으로 나누는 계산은 그 말에 드러나지 않은 전제를 묻기에 좋은 문제다. 그러므로 '왜 0으로 나누면 안 돼요?'가 매우 중요한 질문인 것이다.

# 인연이 맺어진 숫자들

### 47개밖에 발견되지 않은 완전수

6, 28, 496처럼 자기 자신을 제외한 모든 약수의 합이 자신과 똑같은 수를 '완전수'라고 한다. 무한한 자연수 가운데 완전수는 아직까지 47개밖에 발견되지 않았다. 완전수를 찾기가 어려운 이유는 소수를 찾기가 어려운 이유와 관련이 있다.

### 완전수

**6**=1+2+3+6

**28**=1+2+4+7+14+28

**496**=1+2+4+8+16+31+62+124+248+496

## 서로 쌍이 되는 우애수

'우애수(친화수)'는 '자기 자신을 제외한 모든 약수의 합'이 구성하는 수의 쌍을 말한다.

우애수

**220의 약수의 합**=1+2+4+5+10+11+20+22+44+55+110+220=**284**

**284의 약수의 합**=1+2+4+71+142+248=**220**

**1184의 약수의 합**=1+2+4+8+16+32+37+74+148+296+592+1184=**1210**

**1210의 약수의 합**=1+2+5+10+11+22+55+110+121+242+1210=**1184**

## 한 바퀴 빙글 춤추는 사교수

'사교수'(12496, 14288, 15472, 14536, 14264)라는 수가 있다. 첫 번째 수인 12496의 약수의 합이 14288이 되고, 14288의 약수의 합이 15472가 되고, 마지막 14264의 약수의 합이 첫 번째 수 12496이 된다. 즉, 사교수란 둥글게 춤을 추듯이 한 바퀴를 도는 관계다.

## 사교수

12496의 약수의 합=1+2+4+8+11+16+22+44+71+88+142+176+284+5

68+781+1136+1562+3124+6248+12496=**14288**

14288의 약수의 합=1+2+4+8+16+19+38+47+76+94+152+188+304+

376+752+893+1786+3572+7144+14288=**15472**

15472의 약수의 합= 1+2+4+8+16+967+1934+3868+7736+15472=**14536**

14536의 약수의 합=1+2+4+8+23+46+79+92+158+184+316+632+181

7+3634+7268+14534=**14264**

14264의 약수의 합=1+2+4+8+1783+3566+7132+14264=**12496**

## 수와 수의 관계 찾기

완전수는 '하나'의 수, 우애수는 '한 쌍', 사교수는 그 이상의
조합으로 이루어진다. 다시 말해 이것은 약수의 합을 통해 수와
수의 관계를 찾아내기 위한 사고법이다.  완전수라는 이름을 붙
인 사람은 고대 그리스의 유클리드였다. 기하학의 아버지라고 불
리는 유클리드는 $2^{n-1}(2^n-1)$이 완전수이기 위한 필요충분조건은
$2^n-1$이 소수일 때라는 사실을 증명했다.

완전수, 우애수의 존재를 고대 피타고라스학파 가 알고 있었는
데, 완전수 6은 결혼을 의미하는 수로 여겼다고 한다. 첫 번째 짝
수인 2를 여성, 다음 홀수인 3을 남성으로 여겼는데, 6은 이 두

피타고라스(BC569~BC497)
그림 왼쪽에서 책을 들고 있다.

유클리드(BC325~BC265)
그림 오른쪽에서 상체를 구부리고 있다.

여성(2)×남성(3)=결혼(6)

결혼을 함으로써
완전해지는구나.

수를 곱한 수이기 때문이다.

## 혼약수

완전수, 우애수, 사교수에는 공통된 특징이 있다. 바로 약수 중에서 자신을 제외하고 생각한다는 점이다. 자기 자신을 약수에 포함하면 자신보다 더 큰 수가 되기 때문에 자신이 약수의 합과 같다는 관계가 성립하지 않는다.

여기서 한 걸음 더 나아가 생각해보자. 모든 자연수의 약수는 1과 자신을 포함한다. 그런데 완전수, 우애수, 사교수는 약수에서 자기 자신을 제외한다. 그럼 이번에는 1도 같이 제외해보자. 이와 같은 생각을 적용한 것이 '혼약수'다.

### 혼약수

**48의 약수의 합**=1̶+2+3+4+6+8+12+16+24+4̶8̶=**75**

**75의 약수의 합**=1̶+3+5+15+25+7̶5̶=**48**

**140의 약수의 합**=1̶+2+4+5+7+10+14+20+28+35+70+14̶0̶=**195**

**195의 약수의 합**=1̶+35+13+15+39+65+19̶5̶=**140**

**1050의 약수의 합**=1̶+2+3+5+6+7+10+14+15+21+25+30+35+42+50+70+
75+105+150+175+210+350+525+105̶0̶=**1925**

**1925의 약수의 합**=1̶+5+7+11+25+35+55+77+175+275+385+192̶5̶=**1050**

이와 같이 (48, 75)가 가장 작은 '혼약수' 쌍이고, 다음은 (140, 195), (1050, 1925)가 된다.

## 인간은 수와 수를 연결하는 존재

서로 모르는 두 사람을 소개하는 존재가 있다. 처음 만난 두 사람은 서서히 서로를 알아가고 나중에는 결혼을 하기도 한다. 하지만 이러한 인연도 스스로의 힘으로 서로를 만나기란 쉽지 않다. 이것이 두 사람을 소개하는 이가 필요한 이유다.

(220, 284)와 같이 우애수 쌍은 서로가 연결되어 있다는 사실을 알지 못했다. 이 두 수가 만나기 위해서는 연결고리인 인간이 필요했다. 계산이라는 특수한 능력을 가진 인간, 그것도 고도의 계산 능력을 지닌 수학자가 막대한 임무를 맡았다. 스위스의 수학자 오일러는 수와 수를 연결하는 데는 최고의 능력자였다. 오일러 전에 발견된 우애수는 겨우 3쌍이었다. 오일러는 혼자서 59쌍의 수를 발견해냈다.

## 오일러를 고민에 빠뜨린 난제

참고로 우애수의 쌍은 (220, 284), (1184, 1210)처럼 짝수와 짝수다. 아직까지 짝수와 홀수로 이루어진 우애수 쌍은 발견되지 않았다. 또 지금까지 발견된 완전수는 모두 짝수다. 홀수 완전

레온하르트 오일러(Leonhard Euler, 1707~1783)

수가 있느냐 없느냐는 아직도 해결되지 않은 난제다. 해석학에서 절대적인 공헌을 한 천재 수학자 오일러조차도 1747년에 쓴 논문에서 이 문제는 해결하기 어렵다고 고민을 토로했다.

수는 지금도 조용히 기다리고 있다. 오일러와 같은 멋진 사람이 자신을 발견해줄 날을.

언젠가 서로
만나는 수……
정말 낭만적이야.

# 반에 생일이 같은 친구가 있을 확률

### 확률이란 무엇일까

누구나 갓 입학했을 때나 학년이 올라가서 반이 바뀌었을 때 모르는 얼굴에 둘러싸여 긴장했던 경험이 있을 것이다. 어색한 분위기 속에서 대화를 이어가려고 애쓰기도 하고, 어떻게든 이야 깃거리를 찾아내기 위해 이것저것 묻기도 한다. 그런데 만약 생일이 언제냐고 물어보는데 친구와 생일이 똑같으면 둘 다 깜짝 놀랄 것이다. '와, 세상에 이런 일도 있구나!' 흔히 일어나는 일이 아니라고 생각하기 때문이다.

어떤 사건이 얼마나 자주 일어날지를 나타내는 수를 '확률'

이라고 한다. 자주 일어나는 일은 '확률이 높다', 거의 일어나지 않는 일은 '확률이 낮다'고 말한다. 반드시 일어나는 일은 확률 100%이고, 절대 일어나지 않는 일은 확률 0%이다. 비가 내릴 강수 확률이 80%라면 사람들은 대부분 우산을 가지고 나가겠지만, 30%라면 우산을 가지고 나갈까 말까 고민할 것이다.

### 생일이 같을 확률 계산하기

1년 365일에 생일이 고르게 분포한다는 전제 아래 반에 생일이 같은 사람이 있을 확률을 계산해보자.

● 반에 생일이 같은 사람이 적어도 두 명이 있을 확률 구하기

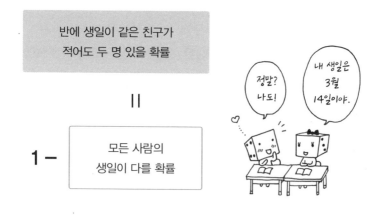

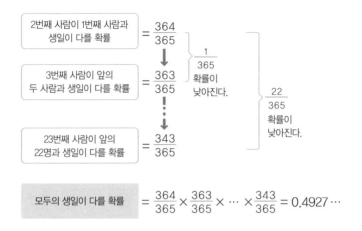

$$\text{모두의 생일이 다를 확률} = \frac{364}{365} \times \frac{363}{365} \times \cdots \times \frac{343}{365} = 0.4927 \cdots$$

먼저 생일이 모두 다를 확률을 구한다. 2번째 사람이 1번째 사람과 생일이 다를 확률은 365분의 364다. 3번째 사람이 앞의 두 사람과 생일이 다를 확률은 365분의 363이다. 이렇게 하면 한 반에 학생이 23명이라고 했을 때, 23번째 사람이 앞의 22명과 생일이 다를 확률은 365분의 343이다. 전체 학생의 생일이 다를 확률은 각각 확률을 곱한 $\frac{364}{365} \times \frac{363}{365} \times \cdots \times \frac{343}{365}$ =0.4927이 된다.

이것을 반대로 하면 한 반에 생일이 같은 친구가 적어도 2명이 있을 확률은 1−0.4927=0.5073이 된다. 약 50%가 넘는다. 가령 한 학년에 23명씩 4반까지 있다면 그중 50%, 즉 두 반 안에서 생

$$1 - 0.4927 = 0.5073$$

약 50.7%라는 말은 생일이 같은 사람이
두 반 중 한 반에는 있다는 뜻이야!

일이 같은 친구가 한 명은 있다는 뜻이다.

　반의 인원이 늘어나면 생일이 같은 친구가 적어도 두 명 있을 확률이 높아진다. 실제로 어느 정도 높아질까? 똑같은 방법으로 계산을 해보자. 한 반에 학생이 35명이 넘으면 확률은 80%를 넘기 때문에 생일이 같은 사람이 있는 것은 전혀 놀라운 일이 아니게 된다. 만약 한 반에 57명이 있다면 확률은 무려 99%가 된다.

## ● 한 반의 사람이 늘어나면

* 35명일 때

| 모두의 생일이 다를 확률 | $= \dfrac{364}{365} \times \dfrac{363}{365} \times \cdots \times \dfrac{331}{365} = 0.1856 \cdots$ |

| 반에 생일이 같은 사람이 적어도 2명은 있을 확률 | $= 1 - 0.1856 = 0.8144$ |

약 81.4%!

* 57명일 때

| 모두의 생일이 다를 확률 | $= \dfrac{364}{365} \times \dfrac{363}{365} \times \cdots \times \dfrac{309}{365} = 0.0099 \cdots$ |

| 반에 생일이 같은 사람이 적어도 2명은 있을 확률 | $= 1 - 0.0099 = 0.9901$ |

약 99%!

## ● 반에 생일이 같은 사람이 적어도 두 명이 있을 확률

| 인원(명) | 25 | 28 | 30 | 33 | 35 | 38 | 40 | 57 |
|---|---|---|---|---|---|---|---|---|
| 확률(%) | 57 | 65 | 71 | 77 | 81 | 86 | 89 | 99 |

인원이 많아질수록 확률은 점점 높아진다!

## 수학적으로는 높은 확률로 일어날 수 있다

어렸을 때는 한 반에 생일이 같은 친구가 있는 것이 매우 특별하고 좀처럼 보기 드문 신기한 일로 여겨졌다. 그러나 수학적으로 보면 사실은 상당히 높은 확률로 '일어날 수 있는 일'이다. 확률은 어떤 일이 일어날 가능성을 나타내는 수다. 일상생활에서 발견할 수 있는 확률은 더 있지 않을까.

나랑 생일이 같아서
운명이라고 생각했는데,
별로 신기한 일이
아니었네······

# 지금까지 몇 초를 살았을까?

**나이를 초 단위로 생각해보자**

'나이가 어떻게 되세요?' 하고 물어봤을 때 초 단위로 대답하는 사람은 없다. 대부분은 '○○살'이라고 대답한다. 그래야 알기 쉽기 때문이다. 나이를 초 단위로 대답하면 한참을 생각해야 한다.

그럼에도 우리는 매일 1초의 시간을 새기며 살아가고 있다. 지나온 시간을 되돌아보며 태어나서 지금까지 몇 초를 살았는지 한번 계산해보자.

하루는 24시간, 1시간은 60분, 1분은 60초다. 그러니까 하루는 24(시간)×60(분)×60(초)=86,400(초)이다. 또한 1년은 365일이므로 86,400(초/일)×365(일)=31,536,000(초/년)이 된다.

이 계산을 바탕으로 살아온 시간의 길이를 초로 나타내보자. 물론 정확히 계산하려면 윤년인지 1개월이 30일인지 31일인지를 따져야 하지만, 여기서는 1년은 365일, 1개월은 30일로 정하고 계산해보자.

### 1억 초는 몇 년일까

세 살 아이는 지금까지 몇 초를 살았을까? 31,536,000(초/년)×3(년)=94,608,000(초)이므로 거의 1억 초다. 어렸을 때는 10초도 무척이나 길게 느껴지는 시간인데, 그에 비하면 1억 초는 정

● 정확히 1억 초는 언제?

1,157일에서
1,158일이 되는
사이가 1억 초!

100,000,000(초)÷86,400(초/일)=1,157.4⋯(일)

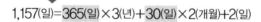

1,157(일)=365(일)×3(년)+30(일)×2(개월)+2(일)

신이 아득해질 정도의 시간이다. 겨우 세 살이지만 초로 바꾸어 보면 이렇게나 오래 살았다.

그렇다면 정확히 1억 초는 언제쯤일까? 1억(초)÷86,400(초/일)=1,157.4…(일)이므로 1,157일에서 1,158일로 날짜가 바뀌는 사이에 1억 초가 넘게 된다. 1,157일은 365(일)×3(년)+30(일)×2(개월)+2(일)이므로 약 '3세 2개월 2일'이다. 만약 아직 세 살이 되지 않은 아이가 있다면 이날에 '탄생 후 1억 초 기념 파티'를 열어주는 것도 재미있겠다.

### 다양한 나이를 초로 바꾸어보자

이렇게 계산하면 초등학교를 마칠 즈음인 약 12년 동안은 3억 7,843만 2,000초, 성인이 되는 20세에는 6억 3,072만 초가 된다. 60세 환갑에는 18억 9,216만 초, 77세 희수에는 24억 2,827만 2,000초, 100세에는 31억 5,360만 초다. 수가 점차 어마어마하게 커진다.

참고로 10억 초는 31세 8개월 19일, 20억 초는 63세 5개월 3일, 30억 초는 95세 1개월 17일이다.

'나는 몇 초를 살았을까'를 계산해보기 바란다. 아무 일도 일어나지 않은 평범한 날이 몇억 초를 살아온 기념일이 될지도 모른다. 이렇게 하면 시간의 길이가 같다 하더라도 해로 세느냐 초로

## 😃 이때는 몇 초?

| 12세가 될 때 | 31,536,000(초/년)×12(년)= 378,432,000(초) |
|---|---|
| 20세 성인이 될 때 | 31,536,000(초/년)×20(년)= 630,720,000(초) |
| 60세 환갑을 맞이할 때 | 31,536,000(초/년)×60(년)= 1,892,160,000(초) |
| 77세 희수를 맞이할 때 | 31,536,000(초/년)×77(년)= 2,428,272,000(초) |
| 100세를 맞이할 때 | 31,536,000(초/년)×100(년)= 3,153,600,000(초) |

세느냐에 따라 전혀 다르게 느껴질 것이다. 때로는 초 계산을 통해 시간의 소중함을 일깨워보는 것도 좋은 일이다.

## ● 10억 초, 20억 초, 30억 초를 맞이하는 시기는 언제일까?

| 10억 초를 맞이하는 때 |
| --- |

1,000,000,000(초)÷86,400(초/일)=11,574.07…(일)

11,574(일)=365(일)×31(년)+30(일)×8(개월)+19(일)

31세 8개월 19일

| 20억 초를 맞이하는 때 |
| --- |

2,000,000,000(초)÷86,400(초/일)=23,148.14…(일)

23,148(일)=365(일)×63(년)+30(일)×5(개월)+3(일)

63세 5개월 3일

| 30억 초를 맞이하는 때 |
| --- |

3,000,000,000(초)÷86,400(초/일)=34,722.22…(일)

34,722(일)=365(일)×95(년)+30(일)×1(개월)+17(일)

95세 1개월 17일

## 😊 나이와 초 수를 비교해보자

| 나이 | 살아온 초수 |
|------|-----------|
| 1세 | 31,536,000 |
| 3세 | 94,608,000 |
| 3세 2개월 2일 | 100,000,000 |
| 10세 | 315,360,000 |
| 12세 | 378,432,000 |
| 20세 | 630,720,000 |
| 30세 | 946,080,000 |
| 31세 8개월 19일 | 1,000,000,000 |
| 40세 | 1,261,440,000 |
| 50세 | 1,576,800,000 |
| 60세(환갑) | 1,892,160,000 |
| 63세 5개월 3일 | 2,000,000,000 |
| 70세 | 2,207,520,000 |
| 77세(희수) | 2,428,272,000 |
| 80세 | 2,522,880,000 |
| 88세(미수) | 2,775,168,000 |
| 90세 | 2,838,240,000 |
| 95세 1개월 17일 | 3,000,000,000 |
| 100세 | 3,153,600,000 |
| 110세 | 3,468,960,000 |
| 120세 | 3,784,320,000 |

1억 초
돌파!

10억 초
돌파!

20억 초
돌파!

30억 초
돌파!

○○초 돌파를
축하합니다!

for you

# 거울 나라의
# 회문수

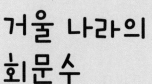

## 거꾸로 읽어도 같은 수

'다시 합시다'처럼 앞에서부터 읽어도 뒤에서부터 읽어도 똑같은 문장을 회문(回文)이라고 한다. 그리고 12321과 같이 앞에서부터 읽어도 뒤에서부터 읽어도 똑같은 수를 '회문수(대칭수)'라고 한다.

한 자릿수 회문수부터 알아보자. 0, 1, 2, 3, 4, 5, 6, 7, 8, 9까지 모두 회문수이다. 이 10개 수는 앞으로 읽어도 뒤로 읽어도 똑같기 때문이다. 두 자릿수 회문수를 알아보자. 11, 22, 33, 44, 55, 66, 77, 88, 99로 총 9개다.

신기한 회문수의
세계에 오신 것을
환영합니다

　세 자릿수 회문수는 101, 111, 121, 131, 141, 151, 161, 171,
181, 191, 202, 212, 222, 232, 242, 252, 262, 272, 282, 292,
……, 909, 919, 929, 939, 949, 959, 969, 979, 989, 999다. 100
부터 199까지 10개, 200부터 299까지 10개와 같이 이렇게 각각
10개씩 회문수가 있으므로 100부터 999까지 총 90개(10개×9)가
된다.

　계속해서 회문수를 세어보자.

　네 자릿수는 1001, 1111, 1221, 1331, 1441, 1551, 1661,

1771, 1881, 1991과 같이 1000부터 1999 사이에 10개가 있다. 세 자릿수의 경우와 마찬가지로 회문수 개수는 9999까지 90개다.

다섯 자릿수는 어떨까? 먼저 1만부터 2만까지의 숫자를 순서대로 세어볼 수도 있다. 그러나 하나씩 세어보기에는 숫자가 너무 크다. 여기서는 '십, 백, 천의 자리'를 집중해서 보자. 먼저 10001부터 19991까지 세어보자. 이것은 000부터 999까지의 회문수와 개수가 같다. 000부터 090까지는 000, 010, 020, 030, 040, 050, 060, 070, 080, 090으로 10개가 있다.

---

● 다섯 자릿수 회문수는 몇 개일까?

**1 0,00 1**부터 **1 9,99 1**까지 회문수의 개수

= **000** 부터 **999** 까지 회문수의 개수

000, 010, 020, 030, 040, 050, 060, 070, 080, 090(10개)
101, 111, 121, 131, 141, 151, 161, 171, 181, 191(10개)
⋮
909, 919, 929, 939, 949, 959, 969, 979, 989, 999(10개)

100개
(10개×10)

900개
(100개×9)

**2 0,00 2**부터 **2 9,99 2**까지 회문수의 개수 ——— 100개
⋮
**9 0,00 9**부터 **9 9,99 9**까지 회문수의 개수 ——— 100개

---

앞에서 살펴본 세 자릿수는 101부터 191, 202부터 292, ……, 909부터 999까지 회문수가 각각 10개씩, 총 90개가 있다. 따라서 모두 합치면 100개(10개+90개)인 셈이다.

그렇다면 20002부터 29992, 30003부터 39993, …… 90009부터 99999에는 각각 100개씩 있으므로 총 합계는 900개(100개×9)임을 알 수 있다.

### 회문수는 멈추지 않는다

회문수는 수가 계속해서 이어지는 한 끝없이 존재한다. 그런 회문수를 보고 있으면 마치 거울 나라에 들어온 듯한 신기한 기분이 든다.

# 세면 쇼나곤 지혜의 판과 정사각형 퍼즐

### 정사각형으로 둘러싸인 일상

주위를 둘러보면 우리는 수많은 정사각형에 둘러싸여 있다. 색종이, 손수건, 스카프, 바닥과 벽의 타일, 체크무늬 옷.

정사각형은 어떤 모양인가? '네 변의 길이가 모두 같고 네 모서리가 모두 직각(90도)인 사각형'이라고 정의할 수 있다.

이러한 정의 말고도 정사각형에는 '같은 길이'와 '직각'이 숨어 있다. 어디에 숨어 있을까? 정사각형에 대각선을 2개 그어보자. '대각선은 직각으로 교차하고 그 길이는 같다.'는 사실을 알 수 있다. 정사각형의 '한 변의 길이와 대각선의 길이의 비'는 1:$\sqrt{2}$(=약

## 정사각형의 가로와 세로, 대각선의 비

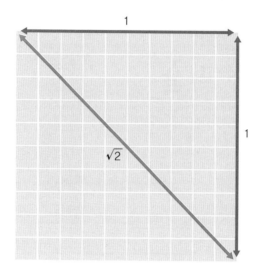

정사각형의 가로 와 세로의 비

정사각형의 한 변과 대각선의 비

1.41)이다.

정사각형의 이러한 성질을 이용해 두뇌 운동을 해보자. 더 많은 정사각형의 비밀에 다가갈 수 있을 것이다.

## 직사각형으로 정사각형 만들기 ①

Q 가로와 세로의 길이가 각각 1미터, 2미터인 천이 있다. 이 천을 적당히 자르고 이어 붙여서 정사각형을 만들려면 어떻게 해야 할까? 두 가지 방법을 생각해보자.

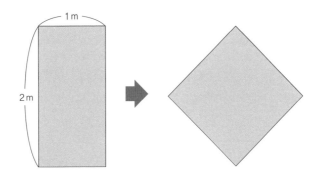

> **힌트 1** : 정사각형을 비스듬하게 기울여보자.
> **힌트 2** : 3개로 자르는 방법과 4개로 자르는 방법이 있다.

## 직사각형으로 정사각형 만들기 ②

**Q** 가로와 세로의 길이가 각각 16미터, 9미터인 천이 있다. 이 천을 적당히 자르고 이어 붙여서 정사각형을 만들려면 어떻게 해야 할까? 앞의 문제와 비슷하지만 전혀 다르다.

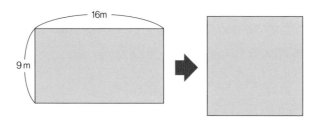

**힌트** : 작은 직사각형을 조합한다고 생각하고 잘라 붙여보자.

## 십자 모양으로 정사각형 만들기

Q 다음 그림과 같이 십자 모양의 천이 있다. 이 천을 적당히 자르고 이어 붙여서 정사각형을 만들려면 어떻게 해야 할까?

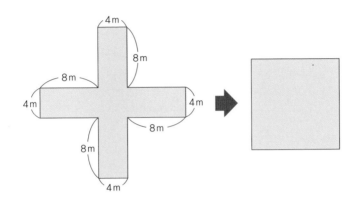

### 옛날부터 인기 있었던 '잘라 붙이기' 수수께끼

앞의 문제들은 오랫동안 전해져 오는 수수께끼다.

이제 이 잘라 붙이기 문제의 정답을 살펴보자. 다음에 오는 두 그림을 확인하기 바란다. 어떤가? 답을 알고 나면 '뭐야, 이런 거였어?'라는 생각이 들지만, 수학은 까다로운 문제를 풀기 위해 이런저런 시도를 해보는 데 즐거움이 있다. 그러다 답을 맞히게 되면 문제를 풀어본 사람만 느낄 수 있는 기쁨이 기다리고 있다.

## 🔵 해답: 직사각형으로 정사각형 만들기 ①

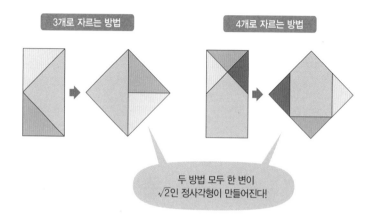

3개로 자르는 방법

4개로 자르는 방법

두 방법 모두 한 변이
√2인 정사각형이 만들어진다!

## 🔵 해답: 직사각형으로 정사각형 만들기 ②

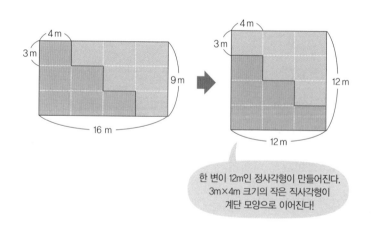

한 변이 12m인 정사각형이 만들어진다.
3m×4m 크기의 작은 직사각형이
계단 모양으로 이어진다!

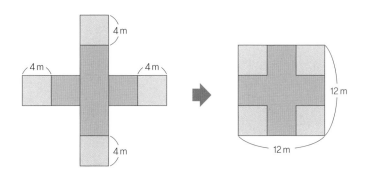

다음 문제도 함께 풀어보자.

직사각형으로 직각 이등변 삼각형 만들기 문제는 조금 어려울 수도 있다. 힌트는 직사각형으로 정사각형 만들기 ①에서 사용했던 방법에 있다.

## 직사각형으로 정사각형 만들기 ③

Q 가로와 세로의 길이가 각각 32센티미터, 50센티미터인 천이 있다. 이 천을 적당히 자르고 이어 붙여서 정사각형을 만들려면 어떻게 해야 할까?

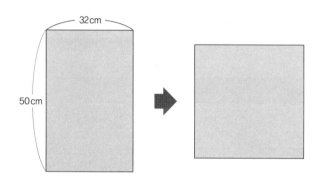

**힌트** : 원래의 직사각형을 작은 직사각형으로 나누어보자.

## 직사각형으로 직각 이등변 삼각형 만들기

Q 가로와 세로 길이가 각각 4미터, 8미터인 천이 있다. 이 천을 적당히 자르고 이어 붙여서 직각 이등변 삼각형을 만들어보자. 직각 이등변 삼각형이란 정사각형을 대각선으로 잘라 절반으로 만든 모양이다.

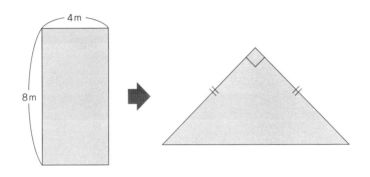

**힌트** : 직사각형으로 정사각형 만들기 ①에서 자른 방법을 참고해보자.

이제 답을 살펴보자. 직사각형으로 정사각형 만들기 ③ 문제의 힌트는 직사각형의 가로와 세로 길이다. 각각 $32cm$, $50cm$이므로 각각 4등분, 5등분을 하면 $8cm$, $10cm$의 작은 직사각형이 된다. 해답 그림과 같이 계단 모양으로 자르면 똑같은 모양이 2개 생기는데, 위치를 한 칸 바꿔서 붙이면 한 변의 길이가 $40cm$인 정사각형이 완성된다.

## 🍂 해답: 직사각형으로 정사각형 만들기 ③

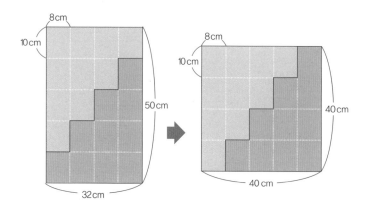

## 🍂 해답: 직사각형으로 직각 이등변 삼각형 만들기

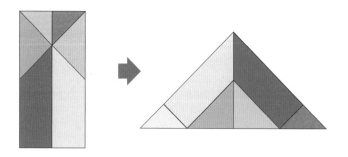

## 세이 쇼나곤 지혜의 판

이번에는 정사각형 수수께끼를 소개하겠다. '세이 쇼나곤 지혜의 판'이라는 퍼즐이다. 이것은 정사각형을 7개의 작은 도형으로 분해한 것이다. 크고 작은 두 종류의 직각 이등변 삼각형, 정사각형, 평행사변형, 두 종류의 사다리꼴이다. 이 7개의 도형을 사용해 다시 다양한 모양을 만든다. 도형을 뒤집어서 써도 된다.

정사각형 색종이를 사용해서 세이 쇼나곤 지혜의 판을 만들어보자. 그전에 '못뽑이' 문제부터 풀어보자.

### ● 세이 쇼나곤 지혜의 판

## 🌑 색종이로 세이 쇼나곤 지혜의 판을 만드는 법

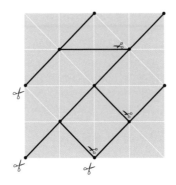

## 🌑 못뽑이

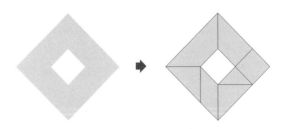

# Q 다음 모양을 만들어보자.

## ● 세이 쇼나곤 지혜의 판에 도전하자! ①

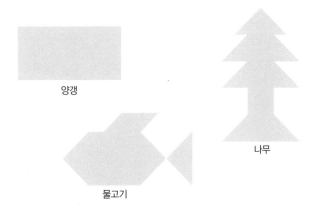

양갱

물고기

나무

## ● 세이 쇼나곤 지혜의 판에 도전하자! ②

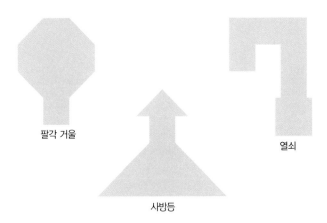

팔각 거울

사방등

열쇠

### 실루엣 퍼즐 칠교놀이

세이 쇼나곤 지혜의 판과 매우 닮은 실루엣 퍼즐이 있다. 중국에서 처음 만들어졌다고 하는데, '칠교판' 또는 '칠교놀이'라고 한다. 7개의 정교한 그림 놀이라는 뜻이다. 이것이 훗날 서양으로 건너가 '탱그램'이라는 이름으로 알려졌다. 세이 쇼나곤 지혜의 판과 마찬가지로 정사각형을 7개의 도형으로 분해하는데, 둘을 비교해보면 분해하는 방법이 다르다는 사실을 알 수 있다.

● **칠교판과 세이 쇼나곤 지혜의 판 비교**

 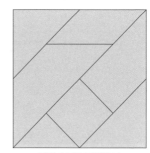

칠교판         세이 쇼나곤 지혜의 판

그럼 문제를 풀어보자.

Q 칠교판으로 다음 그림과 같은 실루엣을 만들어보자.

● 칠교판에 도전하자!

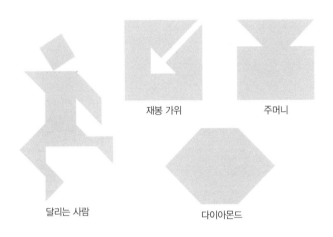

재봉 가위

주머니

달리는 사람

다이아몬드

정사각형은 옛날부터 사람들의 마음을 사로잡았다. 정사각형의 단순하면서도 완벽한 모양에는 많은 가능성이 숨어 있다. 지금까지 문제와 퍼즐을 풀어보면서 그 세계를 조금이나마 엿볼 수 있었을 것이다.

마지막은 내가 직접 만든 문제다.

Q 세이 쇼나곤 지혜의 판을 사용해 다음 그림의 원주율 $\pi$와 네이피어의 상수 $e$를 만들어보자.

● **세이 쇼나곤 지혜의 판에 도전하자! ③**

$\pi$　　　　　　　　　　네이피어의 상수 $e$

세이 쇼나곤 지혜의 판과 칠교판으로 독창적인 도형을 만들다 보면 생각보다 더 많은 도형에 도전해볼 수 있다.

## ● 해답

양갱

물고기

나무

팔각 거울

사방등

열쇠

달리는 사람

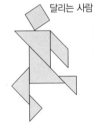

재봉 가위

주머니

다이아몬드

$\pi$

네이피어의 상수 $e$

상한 나라의
소수

### 소수는 변덕쟁이

소수는 근원적이고 기본적이며 본질적인 수다. 소수의 출현에는 규칙성이 없고 그 비밀은 아직도 어둠 속에 있지만, 비밀을 풀기 위해 노력하는 과정에서 '새로운 세계'가 발견되고 있다. 소수에 대한 연구는 대단히 수준 높은 결과를 이끌어내 수학을 더욱 높은 경지로 끌어올렸다.

소수는 수학뿐 아니라 현대인의 생활을 지탱하는 가장 중요한 수이기도 한다. 여러 세기에 걸쳐 수학자들을 매료하고 있는 소수. 그중에서도 독특한 소수들을 소개하겠다.

## 해결되지 않은 '쌍둥이 소수'

소수에는 지금까지도 해결되지 않은 문제가 많은데, 그중에서도 유명한 것이 '쌍둥이 소수'에 관한 예상이다. 쌍둥이 소수란 '두 수의 차가 2인 소수의 쌍'으로, 1916년에 독일 수학자 슈테켈(Paul Stäckel, 1862~1919)이 이름을 붙였다. 쌍둥이 소수는 작은 순서대로 (3, 5), (5, 7), (11, 13), (17, 19) 등이 있다. 이것이 무한히 있을 것으로 예상하지만 아직 증명되지는 않았다.

'쌍둥이 소수의 역수의 합이 1.902160583104……이다.'는 무슨 뜻일까? 노르웨이의 수학자 비고 브룬(Viggo Brun, 1885~1978)이 이 합이 '수렴한다(어느 하나의 값이 된다)'는 사실을 증명했다. 이 수는 '브룬 상수'라고 불린다.

만약 쌍둥이 소수의 역수의 합이 수렴하지 않고 무한대로 발산된다(끝없이 커진다)는 사실이 증명된다면 쌍둥이 소수는 무한하다는 뜻이다. 그러나 그렇지 않았다. '쌍둥이 소수의 역수의 합은 유한한 값에 수렴한다.'는 사실을 브룬이 증명했기 때문이다. 그 수가 바로 1.902160583104……다.

브룬 상수가 알려주는 사실은 쌍둥이 소수의 수가 유한한지 무한한지 알 수 없다는 것이다. '쌍둥이 소수 예상'은 여전히 비밀에 싸여 있다.

p와 p+2가 모두 소수인 소수 p가 무한히 존재한다.
그리고 그 역수의 합이 1.902160583104⋯⋯다.

● 현재까지 발견된 가장 큰 쌍둥이 소수 10개

| 순위 | 소수 | 자릿수 | 발견된 해 |
|---|---|---|---|
| 1 | $3{,}756{,}801{,}695{,}685 \times 2^{666{,}669} \pm 1$ | 200,700 | 2011 |
| 2 | $65{,}516{,}468{,}355 \times 2^{333{,}333} \pm 1$ | 100,355 | 2009 |
| 3 | $2{,}003{,}663{,}613 \times 2^{195{,}000} \pm 1$ | 58,711 | 2007 |
| 4 | $194{,}772{,}106{,}074{,}315 \times 2^{171{,}960} \pm 1$ | 51,780 | 2007 |
| 5 | $100{,}314{,}512{,}544{,}015 \times 2^{171{,}960} \pm 1$ | 51,780 | 2006 |
| 6 | $16{,}869{,}987{,}339{,}975 \times 2^{171{,}960} \pm 1$ | 51,779 | 2005 |
| 7 | $33{,}218{,}925 \times 2^{169{,}690} \pm 1$ | 51,090 | 2002 |
| 8 | $22{,}835{,}841{,}624 \times 7^{54{,}321} \pm 1$ | 45,917 | 2010 |
| 9 | $1{,}679{,}081{,}223 \times 2^{151{,}618} \pm 1$ | 45,651 | 2012 |
| 10 | $84{,}966{,}861 \times 2^{140{,}219} \pm 1$ | 42,219 | 2012 |

$$\left(\frac{1}{3}+\frac{1}{5}\right)+\left(\frac{1}{5}+\frac{1}{7}\right)+\left(\frac{1}{11}+\frac{1}{13}\right)+\left(\frac{1}{17}+\frac{1}{19}\right)+\left(\frac{1}{29}+\frac{1}{31}\right)+\cdots$$

$=1.902160583104\cdots$

### 사촌 소수와 섹시 소수

두 수의 차가 4인 소수의 쌍을 사촌 소수(cousin primes)라고 한다. 작은 순서대로 나열하면 $(3, 7)$, $(7, 11)$, $(13, 17)$, $(19, 23)$, $(37, 41)$, $(43, 47)$, $(67, 71)$, $(79, 83)$, $(97, 101)$……이다.

그 밖에도 재미있는 이름의 소수가 많다. 두 수의 차가 6인 소수의 쌍을 섹시 소수(sexy prime)라고 한다. 라틴어로 6이 sex인 데서 유래한 이름이다. 작은 순서대로 나열하면 $(5, 11)$, $(7, 13)$, $(11, 17)$, $(13, 19)$, $(17, 23)$, $(23, 29)$, $(31, 37)$, $(37, 43)$, $(41, 47)$, $(47, 53)$, $(53, 59)$, $(61, 67)$, $(67, 73)$, $(73, 79)$, $(83, 89)$, $(97, 103)$……이다. 2009년에는 11,593 자릿수의 섹시 소수 쌍이 발견되었다.

그리고 세 수의 차가 6인 소수의 조합$(p, p+6, p+12)$은 세쌍둥이 섹시 소수(sexy prime triplets)라고 한다. 작은 순서대로 나열하면 $(7, 13, 19)$, $(17, 23, 29)$, $(31, 37, 43)$, $(47, 53, 59)$, $(67, 73,$

79), (97, 103, 109)······다.

다만 $p+12$ 다음의 $p+18$이 소수가 아닐 때만 세쌍둥이 섹시 소수라고 하며, $p+18$도 소수인 경우($p, p+6, p+12, p+18$)에는 네쌍둥이 섹시 소수(sexy prime quadruplets)라고 한다. 작은 순서대로 나열하면 (5, 11, 17, 23), (11, 17, 23, 29), (41, 47, 53, 59), (61, 67, 73, 79)······다.

참고로 소수 5개의 조합($p, p+6, p+12, p+18, p+24$)은 다섯쌍둥이 섹시 소수(sexy prime quintuplets)라고 하고 (5, 11, 17, 23, 29)뿐이다.

사람들은 난해하기 짝이 없는 소수의 세계를 과감히 탐사해 다양한 소수의 특징을 찾아냈다. 그리고 '이름 붙여진 소수들'은 사람들에게 점차 알려졌다.

혹시 아직 발견되지 않은 규칙성을 품고 있는 소수가 있을지도 모른다. 어쩌면 소수는 이상한 수의 나라에서 즐겁게 놀면서 우리가 자신들을 발견해주기를 손꼽아 기다리고 있는 것은 아닐까?

# 해바라기 속에
# 숨은 수열

## 해바라기 꽃과 솔방울의 공통점

평소 아무 생각 없이 바라보게 되는 식물. 아름답고 사랑스러운 꽃, 싱그러운 초록 잎, 바람에 흔들리는 나뭇가지를 바라보며 우리는 안정감을 느끼곤 한다. 그러한 자연미에도 수의 비밀이 숨어 있다. 이제부터 식물의 세계에서 펼쳐지는 수의 세계를 살짝 들여다보자.

커다란 꽃송이의 해바라기는 작은 꽃들이 수천 개가 모여 하나의 꽃을 이룬다. 해바라기 속 작은 꽃들의 배열에 놀라운 수의 비밀이 있다. 작은 꽃들의 배열을 잘 관찰해보면, 왼쪽 방향과 오

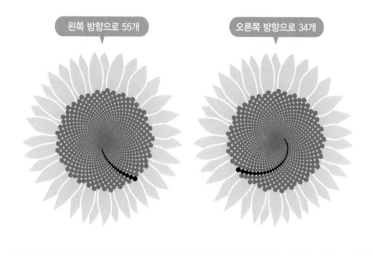

른쪽 방향으로 나선형을 그리며 돌아나가는 모습을 확인할 수 있다.

위의 그림을 보자. 나선 모양이 왼쪽 방향으로 55개, 오른쪽 방향으로 34개가 휘어져 있다.

해바라기 말고 다른 식물도 살펴보자. 소나무 열매인 솔방울도 나선 모양으로 이루어져 있다. 솔방울 비늘조각의 배열을 보면 왼쪽 방향과 오른쪽 방향으로 휘어지는 나선 모양으로 이루어져 있고, 잘 들여다보면 각각 8개와 13개임을 알 수 있다. 좀 더 자세히 관찰해보면 오른쪽 방향으로 휘어지는 또 다른 5개의 나선

# ● 솔방울 속 나선 모양

왼쪽 방향으로 휘어진 8개

오른쪽 방향으로 휘어진 13개

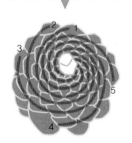

오른쪽 방향으로 휘어진 5개

모양도 있다.

흥미로운 점은 어떤 해바라기와 솔방울에서도 똑같은 수의 나선을 찾을 수 있다는 사실이다. 혹시 주위에 해바라기나 솔방울이 있다면 꼭 확인해보기 바란다.

## 식물은 규칙적으로 배열되어 있다

다음으로 식물의 잎이 어떻게 붙어 있는지 관찰해보자. 식물의 잎을 위에서 내려다보면 잎과 잎이 최대한 겹치지 않게 붙어 있다. 줄기 하나를 두고 나선형 계단을 오르듯이 붙어 있고, 몇 장 간격으로 위아래 잎의 위치가 겹친다. 그 간격은 5장, 8장, 13장, 21장······이다.

이제까지 소개한 식물의 꽃, 열매, 잎차례에서 찾아낸 수를 정리해보자.


5, 8, 13, 21, 34, 55


언뜻 보기에 아무렇게 나열한 수 같지만 여기에는 일정한 규칙이 있다. 무슨 규칙일까? 여기에 열한 수는 모두 '앞에 있는 두 수의 합'이다.

5+8=13, 8+13=21, 13+21=34, 21+34=55

그렇다면 5보다 작은 수를 생각해보자. □+5=8이 되려면 □에는 3이 들어간다. 마찬가지로 □+3=5라면 3 앞에는 2가 들어간다. 이렇게 계속 더해나가다 보면 일정한 규칙에 따라 배열된 수의 열, 수열이 생긴다.

1, 1, 2, 3, 5, 8, 13, 21, 34, 55, 89, 144, 233, ……

이 수열을 발견한 12세기 이탈리아의 수학자 피보나치(Leonardo Fibonacci, 1170~1250)의 이름을 따서 '피보나치 수열'이라고 부른다.

## 피보나치 수열과 황금비율

1과 1부터 시작해서 1, 1, 2, 3, 5, 8, 13, 21, 34 …… 이렇게 앞의 두 수를 차례로 더해 완성된 수열이 피보나치 수열이다. 피보나치 수열은 나무의 가지가 분화하는 과정에서도 발견할 수 있다.

피보나치 수열에는 비밀이 하나 숨어 있다. 그 비밀을 찾아보자. 우선은 뒤에 오는 수가 앞에 있는 수보다 몇 배 큰지를 알아보아야 한다. '뒤의 수÷앞의 수'를 계산해보자.

### 🌰 나뭇가지가 분화하는 과정에서 볼 수 있는 피보나치 수열

$1 \div 1 = 1$

$2 \div 1 = 2$

$3 \div 2 = 1.5$

$5 \div 3 = 1.666 \cdots\cdots$

$8 \div 5 = 1.6$

$13 \div 8 = 1.625$

$21 \div 13 = 1.615 \cdots\cdots$

$34 \div 21 = 1.619 \cdots\cdots$

$55 \div 34 = 1.617\cdots\cdots$

$89 \div 55 = 1.618\cdots\cdots$

$144 \div 89 = 1.617\cdots\cdots$

$233 \div 144 = 1.618\cdots\cdots$


이 계산을 통해 서로 이웃하는 두 수의 나눗셈(뒤의 수÷앞의 수)의 몫이 1.618……이라는 하나의 수로 귀결된다는 사실을 알 수 있다.

피보나치 수열에서는 233 다음에 오는 수는 144+233, 즉 377 이다. 이런 방식으로 계산을 되풀이해서 수열을 만들어보자.


$233 + 377 = 610$

$377 + 610 = 987$

$610 + 987 = 1597$


그런 다음 이 수도 이웃한 수로 나누어보자.


$377 \div 233 = 1.618\cdots\cdots$

$610 \div 377 = 1.618\cdots\cdots$

$987 \div 610 = 1.618\cdots\cdots$

## 🌑 피보나치 수열 속 황금비율

피보나치 수열

| 1 |
| :---: |

) × 1.0000000000······

| 1 |
| :---: |

) × 2.0000000000······

| 2 |
| :---: |

) × 1.5000000000······

| 3 |
| :---: |

) × 1.6666666666······

| 5 |
| :---: |

) × 1.6000000000······

| 8 |
| :---: |

) × 1.6250000000······

| 13 |
| :---: |

) × 1.6153846153······

| 21 |
| :---: |

) × 1.6190476190······

| 34 |
| :---: |

) × 1.6176470588······

| 55 |
| :---: |

) × 1.6181818181······

| 89 |
| :---: |

) × 1.6179775280······

| 144 |
| :---: |

) × 1.6180555555······

| 233 |
| :---: |

) × 1.6180257510······

| 377 |
| :---: |

) × 1.6180371352······

| 610 |
| :---: |

) × 1.6180327868······

| 987 |
| :---: |

) × 1.6180344478······

| 1597 |
| :---: |

점점 황금비율
1.6180339887······에
가까워진다!

$$1597 \div 987 = 1.618\cdots\cdots$$

모두 1.618……이다. 1.618……을 황금비(율)라고 부르고 그리스 문자인 $\phi$(파이)라고 쓴다. 이 황금비가 바로 식물에서 발견되는 피보나치 수열의 수수께끼를 풀어줄 열쇠다.

## 황금비와 황금각

피보나치 수열(1, 1, 2, 3, 5, 8, 13 ……)에서 서로 이웃하는 두 수의 비는 점차 1:1.6180339887……에 가까워진다. 이 비율을 황금비라고 한다. 그렇다면 실제로 선분을 황금비로 나누어보자. 선분을 둥글게 구부려 360도인 원으로 만든다.

이 원을 황금비로 나누었을 때, 원주 부분인 1에 해당하는 각은 137.5077……도(이하 137.5)가 된다. 이 각도는 원주 전체를 황금비로 나누는 각도이므로 '황금각'이라고 부른다.

실제로 이 황금각이 해바라기가 아름답게 꽃피우는 열쇠를 쥐고 있다. 해바라기 꽃은 작은 꽃들의 집합체다. 중심에서 바깥으로 꽃이 달린다. 한가운데에 맨 첫 번째 꽃이 달리고, 다음 꽃은 여기에서 조금 떨어진 자리에 생긴다.

그다음 꽃은 다음 그림처럼 137.5도를 돌아 조금 떨어진 자리에 생긴다. 또 거기에서 137.5도를 돌아 또 조금 떨어진 자리에

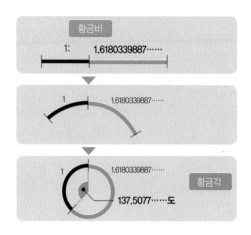

그다음 꽃이 생긴다. 이러한 방식으로 계속해서 오른쪽 방향과 왼쪽 방향으로 돌면서 나선형으로 꽃이 채워진다.

이것이 빈틈없이 빽빽하게 꽃이 달리는 이유다. 만일 137.5도에서 1도라도 벗어나면 틈새가 벌어져 꽃이 가득 들어차지 못한다. 해바라기는 작은 꽃을 매우 효율적으로 배열한 셈이다. 이처럼 137.5도라는 각도가 해바라기 꽃의 비밀이다.

해바라기는 황금각을 통해 많은 꽃을 맺어서 많은 씨앗, 즉 자손을 남긴다. 피보나치 수열로 엮여 있는 '자연미'와 '수의 세계'. 식물은 살아남기 위해, 또 그 씨앗을 남기기 위해 아름다운 규칙

계속 이어지면

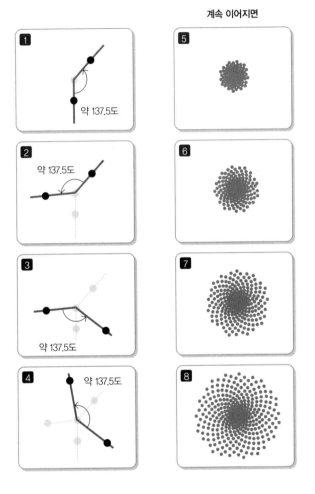

을 감추고 있었다. 이처럼 만물의 근원에는 수의 비밀이 숨어 있지 않을까. 길가에서 작은 풀꽃을 발견할 때마다 나는 그런 생각이 든다.

# 수학적
# 사고 능력을
# 위한 퀴즈

### 수학 퀴즈에 도전!

'수학적인 사고 능력을 배우고 싶어요!' 문과 학생이나 직장인들이 종종 하는 이야기다. 이어서 '그러려면 어떻게 해야 할까요?' 하고 묻기도 한다.

이들이 그렇게 묻는 이유는 '성적을 올리고 싶다', '효율적으로 일을 하고 싶다', '논리적인 사고를 하고 싶다'는 절실함이 있기 때문일 것이다. 분명 공부든 일이든 수학 능력은 핵심이다. 수학적인 사고 능력을 키우기 위해서는 발상의 전환이 가장 중요하다. 그래서 그것을 연습할 수 있는 최적의 퀴즈를 준비했다. 수학 능력을 향상하기 위해, 그리고 두뇌 운동을 하기 위해 부디 즐기면서 풀어보기 바란다.

## 24장짜리 우표 전지를 낱장으로 만들려면?

Q 가로 6장, 세로 4장으로 총 24장짜리 우표 전지가 있다. 이 전지의 우표를 모두 낱장으로 분리하려면 최소한 몇 번 잘라야 할까? 이때 우표를 포개서 한꺼번에 자를 수는 없다.

가로 6장, 세로 4장의 우표 전지

힌트 1번 자르면 2개로 나뉜다.

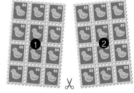

2번 자르면 3개로 나뉜다.

## A. 23번

'맨 처음에 어떻게 잘라야 할까? 가로로 먼저? 아니면 세로로 먼저 잘라야 할까?' 하고 자르는 방법을 이리저리 궁리하면서 문제를 풀어보려는 사람이 많을 것이다. 그러나 이 문제의 핵심은 자르는 방법이 아니다.

우표 전지를 1번 자르면 전지 1장은 2장이 된다. 다시 한번 자르면 3장이 되고, 또 한 번 자르면 4장이 된다. 즉 우표 전지를 한 번 자를 때마다 조각은 하나씩 늘어난다. 다시 말해 우표 전지를 모두 낱장으로 만들기 위해서는 '우표 장수보다 하나 적은 수'로 잘라야 한다는 사실을 알 수 있다. $n$장의 우표 전지를 모두 낱장으로 만들기 위해서는 자르는 방법에 상관없이 $n-1$번 잘라야 한다.

따라서 우표 전지를 낱장 24장으로 만들려면 24-1, 즉 23번 잘라야 한다.

## 시합은 모두 몇 번 치르게 될까?

Q 8개 팀이 토너먼트 방식으로 경기를 치르는 축구 대회가 열린다. 이 대회에서 우승팀이 결정되기까지 시합은 총 몇 번 치러질까? 이때 부전승으로 통과하는 팀은 없다고 가정하자.

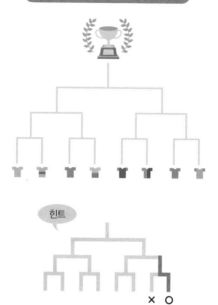

시합을 한 번 할 때마다 한 팀은 탈락한다.

## A. 7번

앞의 문제와 같은 방식으로 생각하면 된다. 토너먼트 경기에서는 시합을 한 번 할 때마다 한 팀이 탈락한다. 우승팀 이외의 7개 팀은 어떤 시합이든 한 번은 반드시 탈락하게 되므로 전체 시합의 횟수는 참가한 팀의 수보다 하나 적은 수가 된다는 사실을 알수 있다. 즉 $n$개 팀의 토너먼트 경기의 전체 시합 횟수는 그 대전의 조합이 어떠하든 $n-1$이 된다.

따라서 8개 팀이 토너먼트 경기를 할 때, 시합의 횟수는 8-1이므로 시합은 총 7번 치러진다.

## 쾨니히스베르크의 다리와 한붓그리기

**Q** 18세기 초에 프로이센의 옛 도시 쾨니히스베르크에 프레겔강이라는 큰 강이 있었는데, 그곳에는 다리가 7개 놓여 있었다. 이 다리 7개를 각각 한 번씩 건너 원래 자리로 되돌아올 수 있을까? 이때 출발지점은 어디든 상관없다.

**쾨니히스베르크의 다리**

건너편 강기슭에 도달하는 데 다리를 1번, 원래 있던 자리로 돌아오는 데 다리를 1번 건너야 한다.

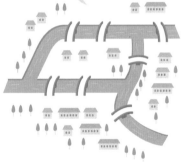

**힌트** 다리를 건너는 길을 따라 한붓그리기가 가능한지 생각해보자.

## A. 불가능

이것이 잘 알려진 '쾨니히스베르크의 다리 건너기'라는 문제다. 사실 '다리를 한 번씩 건넌다'는 것은 '한붓그리기가 가능한지'를 묻는 문제다. 오일러는 1741년에 발표한 논문에서 이 문제를 '강기슭이나 가운데 모래사장을 점으로, 다리를 변으로 하는 도형은 한붓그리기를 할 수 있는가'로 바꾸어 정식화하고, 한붓그리기가 불가능하다는 사실, 즉 7개의 다리를 한 번씩 건너서 원래 자리로 돌아올 수 없다는 결론을 명쾌하게 증명했다.

만일 도형을 한붓그리기로 그릴 수 있다면 시작점과 끝점 이외의 점에서는 붓이 반복해서 나왔다 들어가게 되므로 선은 짝수 개가 되어야 한다.

다음 그림은 쾨니히스베르크의 지도를 간단히 나타낸 것이다. 그림 속 4개의 점 A, B, C, D를 보면 모든 점에서 홀수 개의 선이 나온다. 따라서 한붓그리기를 할 수 없다. 즉 7개의 다리를 한 번씩 건너서 원래 자리로 돌아올 수 없다.

여담으로 오일러의 생일은 4월 15일인데, 2013년 4월 15일에 구글 메인 페이지에 오일러 탄생 306주년을 기념하는 로고가 올라왔다. 오일러의 공식과 그의 공적을 기리는 일러스트에 이 쾨니히스베르크의 다리도 있었다.

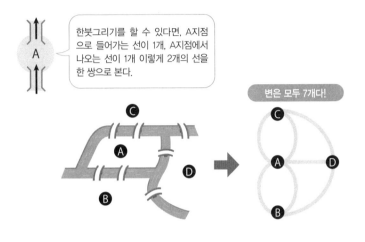

한붓그리기를 할 수 있다면, A지점으로 들어가는 선이 1개, A지점에서 나오는 선이 1개 이렇게 2개의 선을 한 쌍으로 본다.

변은 모두 7개다!

## 스마트폰 잠금 화면도 한붓그리기

마지막으로 점과 선에 대한 문제를 풀어보겠다. 최근 스마트폰의 잠금 화면에 '9개의 점'이 쓰이고 있다. 바로 이것에 관한 문제다. 오일러가 그랬던 것처럼 발상의 전환을 해보자.

Q 3×3으로 늘어선 점 9개를 4개의 직선이 모두 지나도록 한붓그리기를 할 수 있을까? 또 직선 3개나 직선 1개만으로도 한붓그리기를 할 수 있을까?

### 9개의 점을 직선으로 연결하려면?

4개, 3개, 1개 의 직선으로
한붓그리기를 할 수 있을까?

예시

직선 5개로 한붓그리기를 했을 때

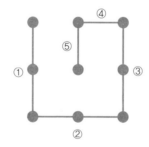

A.

**4개일 때**

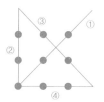

**3개일 때**

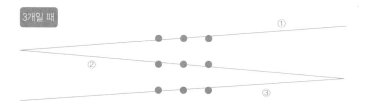

**1개일 때**

1개의 굵은 선으로 점 9개를 한꺼번에 덮어 쓴다.

# 로그,
# 항해자들을 위해
# 만든 신의 언어

## 소수점과 로그를 만들어낸 네이피어

1인치는 2.54㎝, 섭씨 35.2도, 원주율 π는 3.1415…….

이처럼 소수는 우리 일상에서 흔히 쓰이는 수의 표현 방법이다. 서유럽에서 이 사고법을 처음 제창한 사람은 네덜란드의 수학자 시몬 스테빈(Simon Stevin)이다. 스테빈의 소수 표기법은 현재 우리가 쓰는 것과 다르다. 예컨대 3.1415는 3⓪1①4②

시몬 스테빈
(1548~1620)

1③5라고 썼다.

우리가 쓰는 소수점(.) 표기법을 고안한 사람은 스테빈과 동시대에 살았던 스코틀랜드 수학자 존 네이피어(John Napier)다.

네이피어는 천문학에 필요한 방대한 계산을 간단히 할 수 있도록 '로그'라는 새로운 계산법을 고안한 것으로 유명하다. 그는 성주로서 맡은 역할을 완수하는 한편, 수학에도 꾸준히 관심을 가진 덕분에 44세에 로그 연구를 시작했다.

소수점은 바로 로그라는 계산방법을 생각하는 과정에서 탄생했다. 이는 수학계뿐 아니라 당시 사회에도 큰 공적을 남겼다.

## 곱셈을 덧셈으로 바꾸는 로그

그렇다면 로그가 어떤 발상으로 만들어졌는지를 알아보자.

예컨대 16×32는 각각 2를 4번, 5번 곱한 수이므로 2를 모두 9번(4번+5번) 곱한 수라고 생각한다. 이때 로그표라 불리는 수표가 등장한다. 2를 곱한 횟수와 그 값을 미리 표로 만들어두면 표만 보고도 2를 9번 곱한 수가 512임을 쉽게 알 수 있다. 즉 로그표를 이용하면 '2를 곱한 횟수의 합'으로 가지고 곱한 값을 구할 수 있다. 즉, 곱셈이 덧셈으로 변환되어 계산이 편리해진다.

이 계산방법은 로그표의 완성도에 따라 사용하기 편리하기도 하고 그렇지 않기도 하다. 2를 곱한 횟수를 미리 계산해 표로 정

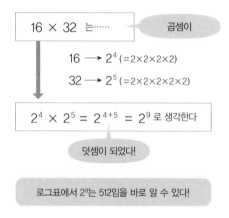

리해두는 것이 중요하다. 네이피어는 로그표를 오롯이 혼자서 자그마치 20년이라는 시간을 들여 완성했다. 그리고 64세 때《경이로운 로그 법칙의 기술》이라는 책에서 로그표를 발표했다.

### 로그 계산 과정에서 탄생한 소수점

네이피어가 살았던 16~17세기 유럽은 대항해시대였다. 천문학은 항해에 반드시 필요한 학문이었는데 문제는 거기에 등장하는 큰 수와 복잡한 계산이었다. 로그를 사용하면 계산을 간단히 할 수 있다. 그러나 일반 사람들은 로그 자체를 이해하기 힘들었다.

이러한 네이피어의 발상에 충격을 받은 사람이 바로 영국의 수학자 헨리 브리그스(Henri Briggs)다. 그는 네이피어를 찾아가 함께 연구를 시작했다. 그렇게 완성된 것이 오늘날 상용로그(10을 몇 번 곱할지를 생각한 로그)의 기원이 되는 로그였다. 브리그스는 네이피어의 뜻을 계승해 연구를 이어나갔고, 로그는 전 세계 사람들의 천문학적 계산을 돕는 역할을 하게 되었다.

로그는 logarithm(로가리듬)이라고도 하는데, 이는 그리스어로 logos(신의 언어)와 arithmos(수)를 합성한 말이다.

'신의 언어로서의 수'라는 뜻으로 이름 붙여진 로그라는 말에는 천문학자와 뱃사람을 돕고 싶었던 네이피어의 바람이 담겨 있다. 그리고 로그의 계산 과정에서 소수점 '.'을 고안했다.

이렇게 인류는 17세기가 되어 비로소 소수점을 사용하게 되었다. 천문학을 발전시켜 별의 움직임을 따라온 인류가 소수점과 만나기까지는 긴 세월이 필요했다. 이런 생각을 하며 밤하늘을 올려다보면 별이라는 빛나는 점이 마치 소수점처럼 보인다.

별도 소수점도
모두 아름다워라.

# 81가지가 아니라 36가지 구구단?

### 외우지 않아도 되는 구구단이 있다

현대 초등학교 수학 교과서에는 곱셈 구구단이 '일일은 일' (1×1)부터 '구구 팔십일'(9×9)까지 총 81개가 실려 있다. 그런데 일본의 에도 시대에는 구구단이 36개뿐이었다.

보통 구구단을 외울 때 1단부터 순차적으로 외우는데, 1단을 꼭 외워야만 하는지 의문을 가져본 적이 있을 것이다. 1단의 곱셈은 곱한 자신의 수가 나오므로 굳이 외울 필요가 없기 때문이다. 1단에서 곱하는 수와 곱해지는 수의 순서를 뒤바꾼 곱셈 (2×1, 3×1 등)도 마찬가지다. 이것을 모두 합하면 17개(9+8)를

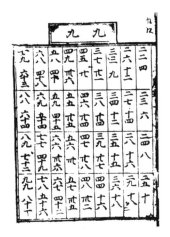

생략할 수 있다.

기왕 외울 바에는 곱하는 수가 작은 구구단으로 외우는 편이 더 쉬울 것이다. 예컨대 3×9=27을 외워두면 9×3=27을 새삼스레 외울 필요가 없다. 즉 '작은 수A×큰 수B'를 외워두면 '큰 수B×작은 수A'는 따로 외우지 않아도 된다.

3×2=6, 4×2=8, 4×3=12, 5×2=10, 5×3=15, 5×4=20, ……, 9×5=45, 9×6=54, 9×7=63, 9×8=72

이렇게 하면 28개(1+2+3+4+5+6+7)를 더 생략할 수 있다. 그러면 45개(17+28)는 외울 필요가 없음을 알 수 있다. 결국 꼭 외워야 하는 구구단은 36개(81-45)가 전부다. 81개나 되는 구구단 중에서 무려 그 절반 이상인 45개는 외우지 않아도 되는 셈이다. '그럼 애당초 꼭 외워야 할 36개만 교과서에 실었으면 좋았을걸' 하는 생각도 든다.

실제로 그런 교과서가 있었다. 1627년 요시다 미쓰요시가 쓴 《진겁기》라는 책이다. 생활에 필요한 수학을 담은 책인데, 당시 집집마다 한 권씩 있을 정도로 보급되었다고 한다. 이 책에서 구구단은 36가지로 간단히 정리되어 있다.


## 숫자 세는 법을 모르면 풀지 못한다!?

《진겁기》에서 구구단은 36가지만 있지만, 명수법(수를 세는 법)에는 단위가 큰 어려운 수도 나온다. 《진겁기》는 명수법·단위·구구단·주판 사용법 등 기초 지식을 비롯해 가마니·비단도둑·쥐의 번식·기름 나누기 등 실제 생활의 소재를 다룬 문제, 더 나아가 상업의 금리·급여 계산·토목의 넓이와 부피 계산 등 실용적이면서 다채로운 문제가 많이 실려 있다.

이런 문제를 곱셈을 이용해 풀이하면 답이 되는 수가 무척 커지기도 한다. 일, 십, 백, 천, 만, 억, 조, 경 같은 단위는 지금도 흔

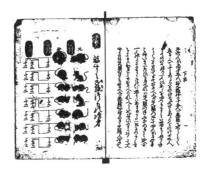

히 사용하지만, 나유타, 불가사의, 무량대수 같은 명수법도《진겁기》에 등장한다. 현대에도 거의 쓰이지 않는 큰 수를 옛날 사람들은 필요해서 외워 썼을까?

《진겁기》의 문제를 직접 풀어보면 이유를 알 수 있다. 쥐의 번식을 소재로 한 문제를 살펴보자.

부모 쥐 한 쌍이 1월에 아기 쥐 12마리를 낳았다. 아기 쥐를 암수 반반씩 낳았다고 하면, 부모 쥐를 합해 7쌍의 부부가 생긴다. 2월에는 7쌍의 부모 쥐가 아기 쥐를 낳는다. 계속 이런 식으로 된다면 12월 말에는 모두 몇 마리가 될까?

답은 276억 8,257만 4,402($2 \times 7^{12}$)마리다. 생물이 번식하는 것

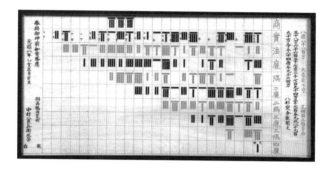

처럼 늘어나거나 불어나는 모습을 '새끼치기하다'라고 표현하는 것은 쥐가 번식하듯이 늘어나는 모습에서 비롯된 말이다.

《진겁기》에 실린 또 다른 문제도 있다. '어떤 수를 8제곱하면 3,866해 3,727경 9,427조 0989억 9,008만 4,096이 된다고 한다. 그 수를 구하라.'는 8차방정식 문제다. 이것은 일본 야마가타현 온가신사에 봉납된 산액(算額)에 있는 문제다. 그 풀이법과 답 (888)은 산액이라 불리는 목판에 쓰여 있다. 당시에는 수학 문제를 만들고 그 결과를 산액에 새겨 절이나 신사에 바쳤다고 한다.

앞의 두 문제 모두 오늘날의 시험에서는 나올 법하지 않은 자릿수를 다루고 있다. 이렇게 큰 수를 다룬 문제를 옛 일본 사람들은 전국 곳곳에서 앞다투어 풀었다고 하니 수학을 퀴즈로 즐기지 않고서는 불가능한 일이다. 당시에 실용적인 측면에서 큰 단위의 수가 필요했다기보다 퀴즈를 풀기 위한 것이었으리라.

아이들에게 '수'를 처음 가르칠 때에는 재미와 약간의 신기함을 더해서 시작해야 한다. 수많은 옛 수학 책과 수학 문제에서는 '수의 재미를 전달하는 태도'가 엿보인다. 수학의 매력을 알리는 직업을 가진 나에게 좋은 본보기가 되어준다.

# 거꾸로 읽어도
# 소수—놀라운
# 소수의 친구들

### 회문소수란?

12321과 같이 앞에서부터 읽어도 뒤에서부터 읽어도 똑같은 수를 뜻하는 '회문수(대칭수)'에 대해 앞서 설명한 바 있다.

회문수이자 소수인 수를 '회문소수'라고 한다. 회문수 중에서 회문소수를 찾아보자.

한 자릿수 회문소수는 2, 3, 5, 7이다.

두 자릿수 회문소수는 11뿐이다.

세 자릿수 회문소수는 101, 131, 151, 181, 191, 313, 353, 373, 727, 757, 787, 797, 919, 929로 모두 14개다.

## ● 거꾸로 읽어도 똑같은 수, 회문수

**한 자릿수 회문수(10개)**

1, 2, 3, 4, 5, 6, 7, 8, 9

**두 자릿수 회문수(9개)**

11, 22, 33, 44, 55, 66, 77, 88, 99

**세 자릿수 회문수(90개)**

101, 111, 121, 131, 141, 151, 161, 171, 181, 191,

202, 212, ..................................., 888, 898,

909, 919, 929, 939, 949, 959, 969, 979, 989, 999

각 자리에 10개씩 있으므로
합계는 10×9=90(개)

**네 자릿수 회문수(90개)**

1001, 1111, 1221, 1331, 1441, 1551, 1661

1771, 1881, 1991, 2002, 2112, ..................

8888, 8998, 9009, 9119, 9229, 9339, 9449,

9559, 9669, 9779, 9889, 9999

네 자릿수 회문소수는 없다. 여섯 자리, 여덟 자리, 열 자리도
마찬가지다. 짝수 자릿수의 회문소수는 존재하지 않는다.

## 중요한 건 11의 배수

여기에 회문소수의 기본 성질이 숨어 있다. 짝수 자릿수의 회
문소수는 두 자릿수인 11이 유일하다. 짝수 자릿수의 회문소수
는 모두 11로 나누어떨어지기 때문이다.

두 자릿수의 회문수(11, 22, 33, 44, 55, 66, 77, 88, 99)는 11로 나
누어떨어진다. 네 자릿수의 회문수(1001, 1111, ……, 9889, 9999)도
모두 11로 나누어떨어진다.

여기서 11의 배수를 판별하는 방법에 대해 알아보자. 일의 자
리에서 시작해 한 자리씩 건너뛴 수의 합과 십의 자리에서 시작
해 한 자리씩 건너뛴 수의 합을 구하고, 그 두 수의 차이가 11의
배수라면 원래의 수도 11의 배수다.

2717로 예를 들어보자. 일의 자리에서 시작해 한 자리씩 건너
뛴 수의 합(7+7=14)과 십의 자리에서 시작해 한 자리씩 건너뛴
수의 합(2+1=3)의 차(14−3=11)는 11의 배수이므로 2717은 11의
배수로 판정할 수 있다. 같은 방법으로 네 자릿수 이상의 회문수
를 살펴보자.

예컨대 여섯 자리 회문수 123321은 일의 자리에서 시작해 한

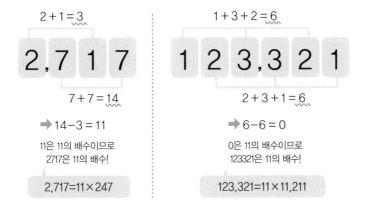

자리씩 건너뛴 수의 합(1+3+2=6)과 십의 자리에서 시작해 한 자리씩 건너뛴 수의 합(2+3+1=6)의 차(6-6=0)는 0이다. 0은 11의 배수다. 따라서 123321은 11의 배수로 판정할 수 있다.

짝수 자릿수의 회문수도 '일의 자리에서 시작해 한 자리씩 건너뛴 수의 합'과 '십의 자리에서 시작해 한 자리씩 건너뛴 수의 합'은 같다. 즉 그 차는 항상 0이 된다.

이로써 짝수 자릿수의 회문수는 모두 11의 배수임을 알 수 있다. 즉 11 이외의 회문소수는 모두 홀수 자릿수인 것이다.

참고로 회문소수가 무한히 존재하는지는 아직까지 밝혀지지 않았다.

## 회문소수 피라미드

여기서 재미있는 회문소수를 소개할까 한다. 수학자 호네커(G. L. Honaker Jr.)가 발견한 '회문소수 피라미드'다. 수의 신비로움과 위대함을 모두 보여주는 이 소수 피라미드는 좌우의 수가 대칭을 이루고 있다. 보면 볼수록 참 잘 만들어진 피라미드다. 실제 피라미드와 견주어도 손색없는 완벽한 아름다움을 가진 형태라고 생각되지 않는가?

## ● 회문소수 피라미드

```
                         2
                       30203
                     133020331
                   1713302033171
                 12171330203317121
               151217133020331712151
             1815121713302033171215181
           161815121713302033171215181861
         331618151217133020331712151816133
       9333161815121713302033171215181613339
     119333161815121713302033171215181613339 11
```

피라미드를 만든 사람들이
회문소수 피라미드를 보면
좋아할 텐데!

# 인생에서
# 멋진 일이
# 일어날 확률

### 인생의 진짜 확률은 60 대 40

흔히 '인생은 50 대 50'이라고 말한다. 인생을 전체적으로 보면 좋은 일과 나쁜 일이 반반씩 일어난다는 뜻이리라. 사람들에게 '정말 그럴까?' 하고 물어보면 모든 사람에게 각자의 인생이 있으니 아마도 저마다 다른 대답을 하지 않을까 싶다.

그러면 지금부터 한 수학 문제를 통해 인생의 진짜 확률이 반드시 50 대 50은 아니라는 것을 증명해보겠다. 이 문제는 '만남의 문제'라고 하는데, 1708년에 프랑스의 수학자 피에르 몽모르(Pierre Remond de Montmort, 1678~1719)가 제기한 것이다.

A와 B가 트럼프를 에이스부터 킹까지 13장씩 가지고 책상 위에 1장씩 내놓으면서 짝 맞추기를 한다. 같은 숫자가 적힌 카드가 동시에 나오면 '만남'이 일어난 것으로 간주한다. 그렇다면 13장을 전부 냈을 때 '만남이 한 번도 일어나지 않을 확률'은 얼마일까? 또 일반적으로 카드 장수를 'n장'이라고 했을 때 확률은 어떻게 될까?

## 오일러가 알아낸 해답

몽모르가 문제를 낸 지 30여 년이 흐른 1740년경에 오일러가 이 문제를 푸는 데 성공했다. 오일러의 계산 결과 '만남이 한 번도 일어나지 않을' 확률은 약 37%라는 답이 나왔다. 트럼프의 장수 $n$을 늘리더라도 확률은 $n$의 값과 상관없이 약 37%라는 답이었다.

이것은 A의 카드 1에는 B의 1 이외의 카드가 대응하고 A의 카드 2에는 B의 2 이외의 카드가 대응하듯이, 모든 카드에 각각 다른 숫자로 대응하는 순열의 수를 구해보면 알 수 있다. 가령 카드가 3장일 때 A가 $(1, 2, 3)$을 냈을 때 B는 $(2, 3, 1)$ 또는 $(3, 1, 2)$를 내야 한다.

즉 B의 카드 3장을 나열하는 방법은 모두 6가지이므로 만남이 한 번도 일어나지 않을 확률은 $\dfrac{2}{6} = \dfrac{1}{3}$, 즉 약 33%가 된다. 이것이 13장이 되면 약 37%가 되고, 130장으로 늘린다고 해도 약 37%고 거의 차이가 없다.

만남이 한 번도 일어나지 않는 경우의 반대는 '적어도 한 번은 만남이 있는 경우'다. 적어도 한 번은 만남이 있는 경우에는 딱 한 번 만나는 경우부터 13번 전부 만나는 경우까지 포함되는데, 그 확률은 1－약 0.37＝약 0.63이므로 약 63%다.


### 체크 포인트를 하나라도 만족시킬 확률은 63%

이 확률이 인생과 무슨 관계가 있는 것일까? 그것은 바로 사람과 사람의 만남을 생각할 때 이 확률을 적용할 수 있기 때문이다. 인생은 만남의 연속이다. 그중에서도 인생의 반려자를 찾기 위한 만남은 중요한 문제다. 여기에 '만남의 문제'를 적용해보자.

우리는 어떤 사람을 만났을 때 그 사람과 사귀어도 좋을지를 판단하게 된다. 여기에는 몇 가지 체크 포인트가 있을 것이다. 가령 키, 소득, 외모, 취미, 음식 기호 등등. 나아가 결혼까지 생각한다면 체크 포인트는 더 늘어난다. 어쨌든 이런 체크 포인트를 정하고 나면, 모든 것이 들어맞지 않으면 그 상대방과는 사귀지 않겠다거나 혹은 적어도 한 포인트만 들어맞으면 사귀겠다거나 하는 기준이 생길 것이다.

그러면 오일러의 결론은 다음과 같이 적용된다. 만난 사람 중에서 '체크 포인트가 하나도 맞지 않는 사람'을 만날 확률은 약 37%이고, '적어도 하나라도 맞는 사람'을 만날 확률은 약 63%라는 것이다. 그리고 이것이 중요한데, 체크 포인트가 아무리 많더라도 그 확률은 거의 달라지지 않는다. 요컨대 10명과 데이트를 할 경우 사귈 만한 사람을 약 6명은 만날 것이다. 내가 아무리 이것저것 엄격하게 따지더라도 말이다.

이 확률은 우리 일상생활에도 적용할 수 있다. 나는 전자 제품을 고를 때 최대한 많은 상품을 검토하고 체크 포인트를 가장 충족하는 제품을 고른다. 하지만 때로는 그런 제품을 결국 찾지 못하고 그냥 맨 처음에 괜찮다고 생각했던 것을 선택한 적도 있다. 그에 비해 어떤 사람들은 쇼핑할 때 다른 이가 보기에는 충동구매로 보일 정도로 순식간에 물건을 고르기도 한다.

어떻게 그렇게 금방 결정할 수 있는지 궁금했는데, 오일러의 계산 결과를 보고 알게 되었다. 이런 사람들은 물건을 고를 때 그렇게 많은 것을 따질 필요가 없음을, 그리고 어쩌면 절대 포기하지 못하는 체크 포인트가 무엇인지를 경험적으로 이미 알고 있기 때문인지도 모른다. 체크 포인트가 3개라고 해도 그것을 전부 충족시키지 못할 확률은 약 33%이고, 체크 포인트가 더 많아져도 그 확률은 결국 37%에 불과하다.

## 살다보면 행운과 만나도록 되어 있다

사람과의 만남이나 쇼핑뿐만이 아니다. 우리는 눈앞에 맞닥뜨린 모든 것을 선택해야만 한다. 그 모든 선택에 약 63%의 확률이 적용된다면 '인생은 살 만한 것이다.'라고 생각할 수 있지 않을까? 신은 누구에게나 멋진 만남이 일어날 가능성을 절반 이상 주었다. 이것이야말로 신의 선물인지도 모른다.

참고로 이 확률은 신이라 해도 바꿀 수 없다. 오일러의 계산에 따르면 한 번도 만나지 않을 확률은 $n$을 무한대로 늘려도 $\frac{1}{e} = \frac{1}{2.718\cdots} = 0.367\cdots =$ 약 37%에 수렴하기 때문이다. 덧붙여 네이피어 상수 $e(=2.718\cdots)$를 발견한 사람이 바로 오일러다. 그래서 오일러(Euler) 이름의 머리글자를 따서 $e$라고 쓰는 것이다. 네이피어 상수 $e$는 미적분을 설명하는 중요한 정수인데, 체크 포인트 가운데 최소한 하나는 충족시킬 확률 $1-\frac{1}{e} = 1 - 0.367\cdots =$ 약 63%가 우리에게는 더 친숙한 존재라고 할 수 있다.

이제 인생은 50 대 50이라는 말은 그만하자. 행운이 찾아올 확률은 50%가 아니라 약 63%다. 지금부터 '인생은 60 대 40'이라고 생각하며 살아도 되지 않을까?

수학이란 무엇일까? 수학을 배우는 것은 대학에 들어가기 위해서, 시험을 위해서만이 아니라는 사실은 분명하다. 그렇지만 학교에서 배우는 수학은 시험을 위한 수학으로 자리 잡았다. 물론 대학에 들어가기 위해서, 시험에서 좋은 점수를 받기 위해서 수학이 필요하다. 다만 거기에 필요한 공부를 하면서도 수학 본연의 세계를 있는 그대로 학교에서 배우는 것도 중요하다는 말을 하고 싶다.

수학은 사람과 함께 존재한다. 그 '사람'은 인류, 사회, 나라는 개인으로 나눌 수 있다. 인류는 문명이라는 거대한 흐름 속에서 수학을 창조해왔다. 그리고 지역마다 독자적인 진화를 이루어왔다. 오랜 역사 속에서 사람들이 다양한 방법을 고안해가며 수학을 즐기는 모습은 놀라울 정도다.

수학이라는 장대한 이야기는 인류 공통의 언어가 될 수 있다. 전 세계에 존재하는 수많은 언어 중에서 유일하게 국제 언어라고 할 수 있는 것이 수학이다. 그렇다면 왜 수학이 보편적인 언어일까? 그 개념은 우리 머릿속에서 나온 것이기 때문에 우리의 사고 안에 존재한다. 우리는 저마다 각자의 인생을 살고, 모두가 서로 다른 생각을 갖고 산다. 그러나 수와 형태에 관해서 누구나 모두 똑같은 것을 떠올린다. 1이라는 수와 점이라는 형태는 누구에게든 똑같다. 나아가 수나 형태를 다른 사람과 비교할 수 있다는 사실은 경이롭다고 할 수 있다. 이런 개념 덕분에 수학은 보편적인 언어가 될 수 있었다. 진짜 수학은 우리 안에 존재한다.

수학은 어마어마하게 긴 이야기를 가졌으면서도 난해한 측면도 있어 진입 장벽이 높아 보인다는 것을 잘 알고 있다. 하지만 이 시리즈의 책들은 누구나 즐길 수 있길 바라는 마음으로 수학 이야기 중에서도 고르고 골라 소개했다.

이 책의 또 다른 큰 특징은 짧은 이야기로 구성되어 있다는 점이다. 따라서 순서에 상관없이 읽고 싶은 부분부터 읽어도 된다. 독자 입장에서 친숙한 부분부터 바로 읽으면서도 흥미를 느낄 수 있도록 구성했다.

더 많은 곳에서, 더 많은 사람들이 '재밌어서 밤새 읽는 수학' 시리즈를 통해 수학의 즐거움을 느낄 수 있다면 그보다 더한 행복은 없을 것이다. 따라서 사이언스 내비게이터는 앞으로도 계속 수학을 이야기할 것이다. 수학을 통해 더 많은 사람들을 만나고 싶고 즐거움을 전하고 싶다.

가타노 젠이치로,《수학 용어와 기호 이야기》(片野善一郎,《数学用語と記号ものがたり》, 裳華房).

네가미 세이야,《가르쳐주고 싶은 수학》(根上生也,《人に教えたくなる数学》, スフトバンククリエイティブ).

로버트 카니겔,《수학이 나를 불렀다》(ロバート・カニーゲル,《無限の天才-夭折の数学者・ラマヌジャン》, 工作舎), 한국 번역 출간.

마샤 벤스산 외,《수학 영어 워크북》(マーシャ・ベンスッサン他,《数学英語ワークブック》, 丸善).

마에바라 쇼지,《기호 논리 입문》(前原昭二,《記号論理入門》, 日本評論社).

사쿠라이 스스무,《설월화 수학》(櫻井進,《雪月花の数学》, 祥伝社黄金文庫).

스티븐 R. 핀치,《수학 정수 사전》(スティーブン・R・フィンチ,《数学定数辞典》, 一松言監 訳, 朝倉書店).

시가 고지,《집합・위상・측도》(志賀浩二,《集合・位相・測度》, 朝日文庫).

알프레드 W. 크로스비,《수량화 혁명》(アルフレッド・W・クロスビー,《数量化革命》, 小沢千重子 訳, 紀伊国屋書店), 한국 번역 출간.

야스에 구니오,《수학 버전 이것을 영어로 말할 수 있나?》(保江邦夫,《数学版 これを英語で言えますか?》, 講談社).

히라야마 아키라,《일본 전통 수학의 역사》(平山諦,《和算の歴史》, ちくま学芸文庫).

B.C. 반트, R.A. 랜킨,《라마누잔 서간집》(B.C. バーント・R.A. ランキン,《ラマヌジャン書簡集》, シュプリンガー・フェアラーク東京).

W. 댄험,《오일러 입문》(W. ダンハム,《オイラー入門》, シュプリンガー・フェアラーク東京).

《고지엔》(《広辞苑》, 新村出 編, 岩波書店).

《수학 100 문제 수학사를 수놓은 발견과 도전의 드라마》(《数学100の問題 数学史を彩る発見と挑戦のドラマ》, 数学セミナー編集部 編, 日本評論社).

《수학 활용》(《数学活用》, 根上生也 編, 啓林館).

《이와나미 수학 사전(제4판)》(《岩波数学事典 第四版》, 日本数学会 編集, 岩波書店).

《이와나미 수학 입문 사전》(《岩波数学入門辞典》, 青本和彦 他 編著, 岩波書店).

《지니어스 영일 대사전》(《ジーニアス英和大辞典》, 小西友七・南出康世 編集主幹, 大修館書店).

《진겁기 초판본-영인, 현대 문자, 그리고 현대어역》(《塵劫記 初版本-影印, 現代文字, そして 現代語訳》, 佐藤健一 訳・校注, 研成社).

David Eugene Smith, A SOURCE BOOK IN MATHEMATICS, Dover Publications.

참고URL : The Prime Pages http://www.primes.utm.edu/

## 옮긴이 김소영

일본에 거주하면서 다양한 분야의 일본 서적을 국내 독자들에게 소개해왔다. 현재 엔터스코리아에서 일본어 번역가로 활동 중이다.

옮긴 책으로는 《재밌어서 밤새 읽는 유전자 이야기》《처음으로 시작하는 천체관측》《슬기로운 수학 생활》《컨디션만 관리했을 뿐인데》《심리학 용어 도감》《논리 머리 만들기》 등이 있다.

# 재밌어서 밤새 읽는 수학 이야기_베스트 편

1판 1쇄 발행  2020년 7월 15일
1판 4쇄 발행  2022년 11월 1일

지은이 사쿠라이 스스무
옮긴이 김소영

발행인 김기중
주간 신선영
편집 민성원, 정은미, 백수연, 김우영
마케팅 김신정, 김보미
경영지원 홍운선

펴낸곳 도서출판 더숲
주소 서울시 마포구 동교로 43-1 (04018)
전화 02-3141-8301
팩스 02-3141-8303
이메일 info@theforestbook.co.kr
페이스북·인스타그램 @theforestbook
출판신고 2009년 3월 30일 제2009-000062호

ISBN 979-11-90357-33-3 (03410)